Cost Evaluation and Risk Assessment of Offshore Wind Farms

海上风电场经济性评价及风险评估

翟恩地 等 编著

中国电力出版社
CHINA ELECTRIC POWER PRESS

内 容 提 要

本书全面介绍了海上风电场技术经济评价和风险评估的基本原理和方法，旨在帮助读者较快地理解和掌握海上风电项目的工程造价、财务评价和社会环境评价方法，并理解海上风电项目的各类风险因素。主要内容包括海上风电场概述、海上风电场工程建设成本、海上风电场工程造价、财务和社会环境评价、建设资金与融资、项目风险防范。

本书可供海上风电相关的政策制定者、产业投资者、规划设计人员、财务管理人员、风险管理人员、工程管理人员、项目管理人员参考使用。

图书在版编目（CIP）数据

海上风电场经济性评价及风险评估/翟恩地编著 . —北京：中国电力出版社，2021.12
ISBN 978 - 7 - 5198 - 6252 - 7

Ⅰ.①海… Ⅱ.①翟… Ⅲ.①海风—风力发电—发电厂—经济分析②海风—风力发电—发电厂—风险评价 Ⅳ.①TM62

中国版本图书馆 CIP 数据核字（2021）第 248368 号

出版发行：中国电力出版社
地　　址：北京市东城区北京站西街 19 号（邮政编码 100005）
网　　址：http://www.cepp.sgcc.com.cn
责任编辑：罗晓莉（010 - 63412547）
责任校对：黄 蓓 马 宁
装帧设计：赵姗姗
责任印制：吴 迪

印　　刷：北京天宇星印刷厂
版　　次：2021 年 12 月第一版
印　　次：2021 年 12 月北京第一次印刷
开　　本：710 毫米×1000 毫米　16 开本
印　　张：10.5
字　　数：196 千字
定　　价：68.00 元

编 委 会

主任 翟恩地

委员 宁巧珍　张　竹　李荣富　张文平　戴　璐

前　言

　　我国拥有发展海上风电的天然优势，海岸线长达 1.8 万 km，可利用海域面积 300 多万 km²，海上风能资源丰富。海上风电项目通常毗邻电力负荷中心和经济发达地区，较易实现发电并网，可避免长距离的专用配套输变电设施的投资，线路建设成本和线损相对低，在经济性合理的前提下，可以成为解决当地用电缺口支撑经济发展的一种有效途径。

　　作为海上基础设施建设项目的一种典型场景，海上风电项目在海上作业条件及设备设施运行环境等方面存在一定的特殊性，因此，其经济性和风险一直是能源产业界关注的焦点，并且常常以此作为重要的考核因素来全面地评价整体项目和具体工程技术实施的可行性，以便在实践中通过工程技术和管理等方法对已辨认的风险进行控制，尽量规避或减少损失。海上风电项目须遵循安全生产的标准和原则，按照相关规定进行安全风险分析并制订应急预案，以保障安全生产事故应急救援工作高效、有序地进行，尽量减少人员伤害和财产损失。

　　本书第 1 章内容为海上风电场概述，主要阐述海上风电场的优缺点、发展机遇，以及投资价值和风险评估的重要性。第 2 章围绕海上风电场工程建设成本展开，主要阐述工程建设内容、工程建设成本构成和工程造价的编制依据及内容。第 3 章围绕海上风电场工程造价展开，主要阐述造价指标和调整模块。

第 4 章围绕财务和社会环境评价展开，主要阐述项目收支、财务评价指标、不确定性分析、决策结构与评价方法、财务报表编制和社会环境评价等内容。第 5 章围绕建设资金与融资展开，主要阐述资金的时间价值、等值计算等概念，和项目融资、资金成本与结构、融资风险等内容。第 6 章围绕项目风险防范展开，对台风灾害防范、通航安全保障、叶片防护、防雷击、防腐蚀、海底电缆防护等具有海上特性的风险控制措施和方法进行专题介绍。

  本书可供海上风电相关的政策制定者、产业投资者、规划设计人员、财务管理人员、风险管理人员、工程管理人员、项目管理人员作为参考使用，旨在帮助读者较快地理解和掌握海上风电项目的工程造价、财务评价和社会环境评价方法，并理解海上风电项目的各类风险因素。文中结合具体案例，提供了财务表格编制和各类指标计算方法的详细说明，厘清重要概念和关键风险因素，以帮助决策者和管理者更好地理解海上风电项目的特殊性，进而做出最佳的安排和决策。

编　者

2021 年 5 月

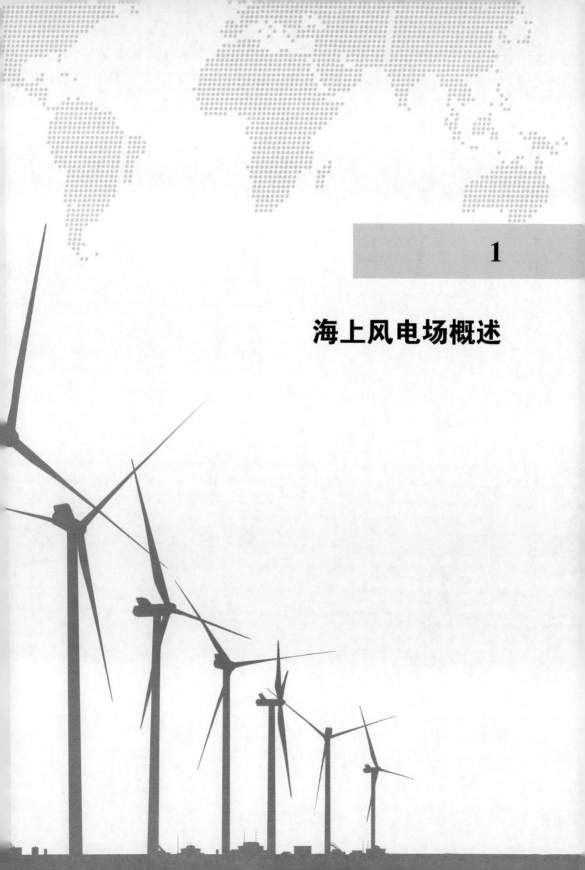

1

海上风电场概述

1.1　海上风电场的特点及典型组成

开发海上风电项目的主要原因有海上风速远高于陆上，风力稳定，且风力机捕获的能量与风速的三次方成正比，海上风力发电机可以捕获更多的能量。

与陆上风电场相比海上风电项目的主要特点包括：负荷中心距离海岸较近，电力传输损耗较少；海上风电并网受电网侧限制较小，避免了陆上长距离输配电等问题。

我国海上风电场的投资比陆上风电高，海上维护困难且成本较高，海上设备和设施容易受海水、盐雾腐蚀和自然环境影响，海上工程技术复杂和特殊作业要求导致相关费用增加。

一个典型海上风电场的主要构成部分如图 1-1 所示，主要由测风塔、海上升压站、陆上变电站以及在海域内的多台风电机组组成。风力发电机的基础安装在海床上，塔架支撑着机舱和三叶片组成的风轮，机舱内部是实现机械能到电能转换的主轴、齿轮箱、发电机、变流器、变压器等部件。海上风电机组与海上升压站之间（35kV/220kV）可采用不同的拓扑形式通过海底电缆进行互联，其中主要分为链形、环形和星形三种组网形式。海上升压站将电能的电压等级提升至 220kV，通过高压海底电缆送至陆上变电站，后者将电能进一步升压后汇入主电力网。近期建设的海上升压站趋于将电能的电压等级提升至 220kV，经海底 220kV 电缆直接送至陆上电网。风电场集控中心一般建于陆上变电站附近，扮演着协调控制整个电站运行和维护的角色。在海上风电项目的

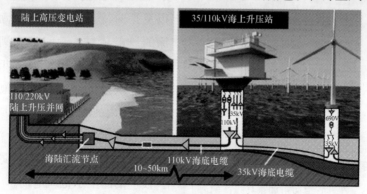

图 1-1　典型海上风电场的组成

建设安装期，各类的机组结构和部件整齐地摆放在码头，运输驳船或安装船从码头装载上这些部件后驶往指定海域（见图1-2），由安装船或起重船在海上进行现场安装；在运营期，运维船往来于海上设施与码头之间进行人员和材料物资的运送。

图1-2　运输驳船在码头进行机组塔架和机舱的装载

1.2　海上风电的发展机遇

我国的海上风电项目包括近海（在理论最低潮位以下5～50m水深的海域）和深海（大于理论最低潮位以下50m水深的海域）的风电项目，以及我国特有的潮间带和潮下带滩涂的风电项目。潮间带和潮下带滩涂海域专指在我国沿海多年平均大潮高潮线以下至理论最低潮位以下5m水深内的海域。该类海域主要分布在江苏、上海和山东沿海地区。如图1-3所示为江苏省南通市如东县投产的海上示范风电场。

图1-3　江苏省南通市如东县投产的海上示范风电场

近年来我国的企业在海上风电

机组和海上升压站的安装、维护等方面作出了很多探索，其中就包括研究风电机组单桩基础的沉桩技术，如图1-4所示为江苏省南通潮间带实施的单桩风电机组基础设计与施工。该项技术取消了传统单桩中的过渡段，通过优化顶法兰结构和研制扶正导向架，对沉桩垂直度实行监测与校正等一系列施工工艺技术，实现了在打桩过程中对单桩的有效导向和纠偏，最终垂直度误差率控制在0.2%，同时有效地降低了施工成本和缩短了施工周期。

图1-4 江苏省南通潮间带单桩风电机组基础设计与施工

2017年6月，世界首座分体式220kV海上升压站在江苏大丰20万kW（200MW）海上风电项目场区吊装成功，其吊装场景如图1-5所示。

图1-5 220kV海上升压站在江苏大丰的吊装

经过这几年的探索，我国企业逐渐掌握了成套的海上风电场施工方法和技术，研制了配套的施工装备和施工船舶，可以多个海上施工作业面同时开工，年施工能力大大增强，施工成本压力大为缓解，这些都为后续大规模开发潮间带和近海风电项目奠定了基础。截至 2019 年年底，我国海上风电累计核准总量约 54GW，开工在建项目 39 个，总容量约 8.5GW。项目分布在辽宁、河北、江苏、上海、浙江、福建和广东共 7 个省市地区。2019 年中国海上风电新增装机 588 台，新增装机容量达到 2.4GW，同比增长 50.9%。新增装机分布在江苏、广东、福建、辽宁、河北、浙江和上海七省市，其中江苏省新增海上风电装机容量 1.6GW，占全国新增装机容量 64%，其次分别为广东省 14%、福建省 8%、辽宁省 6%、河北省 5%、浙江省 3%。截至 2019 年，江苏省海上风电累计装机容量达到 472.5 万 kW，占全部海上风电累计装机容量的 67.3%，后依次为福建省占比 7%，广东省占比 6.5%，上海市占比 5.9%，河北省占比 4.2%，其余 4 省市累计装机容量占比合计约 9.2%。

我国拥有丰富的海上风资源，根据国家海洋局的评估结果，我国近海 50m 等深线以浅海域 10m 高度风能储量为 9.4 亿 kW（未统计台湾地区）。2019 年，我国海上风电装机容量新增 2.4GW，截至 2019 年年底，累计装机达到 7.0GW，位居全球海上风电第三大国，仅次于英国和德国。图 1 - 6 所示为 2014—2019 年中国海上风电新增和累计装机量。

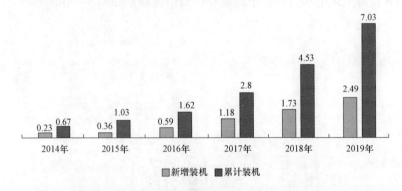

图 1 - 6　2014—2019 年中国海上风电新增和累计装机量（GW）

根据估计，我国各省市的近海风资源储量如图 1 - 7 所示。江苏省因为近海风资源丰富，较少受到台风影响，所以在我国海上风电发展初期受到了各方青睐，开发的项目在江苏沿海的南通和盐城一带海域比较集中。随着国内施工技术和国产风电机组技术的进步，近年有了新的发展趋势，海上风电开发逐渐往长江以南的地区拓展，特别是近海风资源最为丰富的福建地区。截至 2019 年年底，全国 11 个沿海省份均开展了海上风电规划研究工作，江苏、福建、山东、广东、浙江、上海、河北、海南和辽宁 9 个省份编制了《海上风电发展规划》并获得了国家能源局的批复。2017 年，江苏和福建两省经国家能源局复函同意后，分别将各自省份 2020 年的并网容量从 500 万 kW 到 200 万 kW。规划调整后，中国海上风电 2020 年的并网容量目标从 500 万 kW 增加到 660 万 kW，海上风电迎来新一轮的发展机遇。

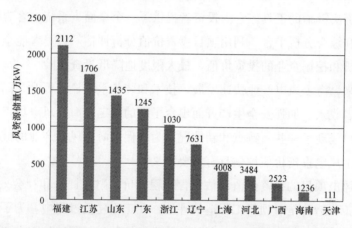

图 1-7　我国各省（市、区）近海风资源储量

1.3　投资价值评估的重要性

投资价值是指资产对于具有明确投资目标标准的特定投资者或某一类投资者所具有的价值。这概念将特定的资产与具有明确投资目标、标准的特定投资者或某一类投资者结合了起来。对企业或项目法人而言，利用项目投资价值分析可以对项目的投融资方案以及未来收益等进行自我诊断和预知，以适应资本市场的投资要求，进而达到在资本市场上融资的目的。

在国际投资领域中，为减少投资人的投资失误和风险，每一次投资活动都必须建立一套科学的，适应自己的投资活动特征的理论和方法。项目投资价值分析是投资前期一个重要的关键步骤，项目的规模大小、区域分析、项目的经营管理、市场分析、经济性分析、利润预测、财务评价等重大问题，都要在投资价值分析中体现。

项目投资价值分析是在项目可行性研究的基础上，吸收国内外投资项目分析评价的理论和方法，利用丰富的资料和数据，定性和定量相结合，对投资项目的价值进行全面的分析评估。进行投资价值分析评估的目的是通过对投资项目的技术、产品、市场、财务、管理团队和环境等方面的分析和评价，并通过分析计算投资项目在项目计算期产生的预期现金流，确定其有无投资价值以及相关的风险有多大，并进而做出投资决策。对投资者而言，项目投资价值分析是一个投资决策辅助工具，它为投资者提供了一个全面、系统、客观的全要素评价体系和综合分析平台。利用项目投资价值分析评估，投资者能全方位、多视角地剖析和挖掘企业的投资价值，最大限度地降低投资风险。

近年来，海上风电产业快速发展，技术和装备水平显著提升，同时国家在提高劳动者收入、加强安全生产方面出台了新的规定，海上风电场工程项目建设过程中也呈现了一些新特点和新情况。为了促进海上风电产业的健康、有序发展，海上风电投资价值评估具有重要意义。

海上风电项目的投资价值评估包含工程造价、财务评价和社会效果评价3个部分，工程造价是对项目工程造价评估，在工程建设过程中，为了保证工程建设的经济效益，往往需要对工程的造价进行控制。工程造价存在于工程项目的每个环节，因此控制工程造价需要落实到工程建设施工的每一个步骤中。工程造价咨询能够对工程造价控制进行有效的管理，在一定程度上可以控制施工成本，提高工程建设的工作效率。财务评价是在现行针对海上风电的财税制度和上网定价体系之下，从项目财务角度评价项目的基本生存能力、盈利能力和可持续性。社会效益评价主要是写海上风电对于节能减排、改善环境以及调整能源结构的重要贡献。本书将重点讲解工程造价和财务评价部分。

1.4 风险分析的重要性

海上风电项目受到复杂海洋环境的影响，高盐雾、台风、海浪、潮汐等恶劣的自然条件均对海上风电机组及海上升压站、海底电缆等配套设施的安装、运行和维护管理提出了严峻的挑战。相比陆上项目，海上风电项目需要更高的安全性、可靠性、可达性和可维护性，对施工安装和运营维护的成本控制也提出了更高的要求。风险分析应贯穿于项目规划与设计期、建设期与运营期的全生命周期。在项目建设决策阶段，借助风险分析的测算结果，重点分析影响项目生存的关键风险因素，判断风险的性质、类型及可能造成的影响，以及可能采取的措施。例如：在规划与设计期，项目会面临政策变化与市场价格波动等风险；在项目建设期和运营期，海上风电项目主要面临自然环境、工程技术和管理等风险。管理人员依据风险评估结果和借助风险管理方法，通过技术、工程、管理和金融等手段对风险进行规避、控制和转移。

在可行性研究的过程中，财务分析也应结合风险分析，通过仔细识别和审核报告中的资金筹措、投资建设、成本费用、利润收入等经济数据，评估成本费用是否已把可能影响项目进程的各类风险考虑在内，确认风险存在的理由是否充分，从而起到减少投资决策风险、保障投资收益的作用。如果能对项目全周期进行合理的风险识别与分析，并且提出合适的风险控制措施，那么无疑将会大大地提高海上风电项目的可行性和经济性。

在海上风电场建设施工期间进行巨大风轮的吊装是最具风险的主体工程之一，如图 1-8 所示。海上风电场在运营期间所面临的风险威胁亦不容忽视，譬如海水和盐雾会对海上机组的基础结构、塔架、叶片、机舱和电气设备等构成腐蚀，从而影响风轮气动性能，破坏机组强度，降低机组承载能力，引发电气设备早期故障损毁。我国海上机组腐蚀风险的威胁已引起风电机组厂商和开发商的广泛重视，目前已开展针对海上风电机组的防腐蚀工程，降低设备设施在运行过程中的风险，从经济性的角度这样做会相应地增加成本费用。

图 1-8　安装船进行风轮的吊装

在项目的全生命周期内，充满了来自自然环境、安装施工、设备设施、运营维护、运维船靠离与通航等诸多方面的风险。若要海上风电项目获得良好收益，避免发生海上安全事故，必须对这些风险有充分的认识和应对措施。

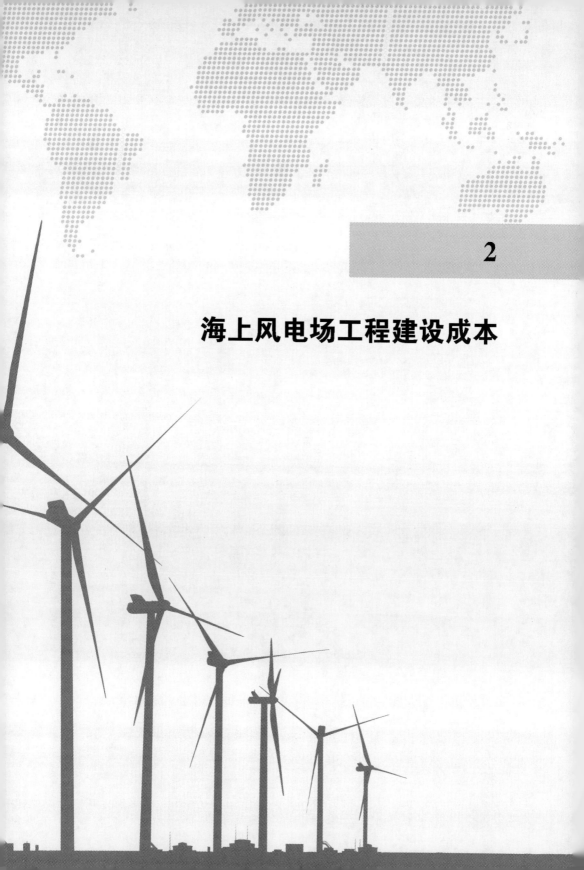

2

海上风电场工程建设成本

2.1 工程建设内容

海上风电场工程建设内容划分为施工辅助工程、设备及安装工程、建筑工程和其他建设成本 4 部分。如图 2-1 所示。

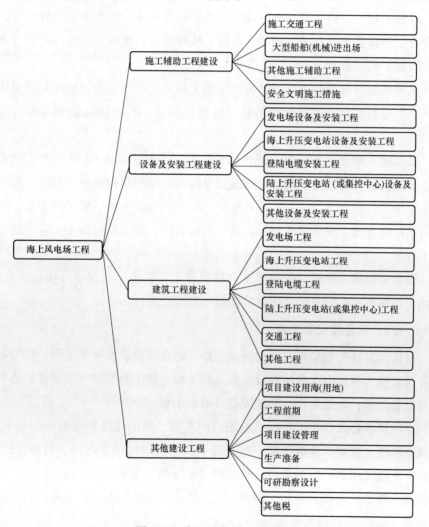

图 2-1 海上风电场工程划分

2.1.1 施工辅助工程

施工辅助工程指为辅助主体工程施工而修建的临时性工程及采取的措施，

13

包括：施工交通工程、大型船舶（机械）进出场、其他施工辅助工程、安全文明施工措施费组成，不包括已在定额中摊销的工艺桩、缓冲装置、稳桩器、定位架、工艺法兰、工艺平台、吊梁、平衡梁等费用。若施工辅助工程中有与建筑工程、设备及安装工程相结合的项目则列入相应的永久工程中。

施工交通工程指为风电场工程建设服务的临时交通设施工程，包括码头工程、堆场工程、公路工程，桥（涵）工程、航道疏浚、设施维护与管理等，其中码头工程包括新建（或者租赁、改造）临时码头、堆场工程包括新建（或租赁、改造）临时堆场。

大型船舶（机械）进出场指为风电场工程施工的大型船舶机械的进出场及安拆。大型船舶机械包括大型吊装（打桩）船舶、大型运输船舶和大型吊装机械。

其他施工辅助工程由海上设计试桩工程（非永临结合），陆上施工供电工程、施工供水工程，施工期海上通航安全服务，钻孔平台搭设与拆除、施工期海上生活平台和其他组成。其他包括陆上施工场地的平整、施工期排水、施工期防汛，海上施工安全警戒浮标、施工期防台风、施工期防潮水、施工期防冰冻工程等。

安全文明施工措施费指施工企业按照安全文明施工与健康环境保护规范，在施工现场所采取的安全文明保障措施所需的费用。

2.1.2 设备及安装工程

设备及安装工程指构成风电场固定资产的全部设备及安装工程，由发电场设备及安装工程、海上升压站设备及安装工程、陆上升压站（或集控中心）设备及安装工程、电缆工程、其他设备及安装工程。

发电场设备及安装工程指风电场内的发电、集电线路等设备及安装工程，由风电机组、塔筒、集电线路组成。其中风电机组包括发电机、机舱、轮毂、叶片、机组变压器、电动葫芦、控制柜、低压柜、变频柜、UPS柜、电梯等。塔筒包括塔筒、电缆、照明、爬梯、支架等。集电线路包括风电场内及直接登陆海缆（35kV）和相关装置。

海上升压站设备及安装工程指海上升压站内的升压变电、配电、控制保护等设备及安装工程，由主变压器系统，配电装置系统，无功补偿系统，升压站用电系统，电力电缆、母线及接地，监控系统，直流系统，通信系统，远程自动控制及电量计量系统，分系统调试，特殊项目调试，整套系统调试组成。

登陆电缆安装工程指海上升压站高压侧（110kV 及以上）至登陆点的海缆工程和陆缆工程，由 110kV 电缆工程、220kV 电缆工程组成。

陆上升压站（或集控中心）设备及安装工程指陆上升压站（或集控中心）内的升压变电、配电、控制保护等设备及安装工程，由主变压器系统，配电装置系统，无功补偿系统，升压站用电系统，电力电缆、母线及接地，监控系统，直流系统，通信系统，远程自动控制及电量计量系统，接入系统配套设备，分系统调试，特殊项目调试，整套系统调试组成。

其他设备及安装工程指除上述之外的设备及安装工程，由采暖通风及空调系统、照明系统、消防系统、劳动安全与工业卫生设备、安全监测设备、生产运维船舶、生产运维车辆、运维吊机、应急避险仓、海洋观测设备、航标工程设备、风功率预测系统（含激光雷达）及其他需要单独列项的设备组成，其中运维吊机包括风电机组运维吊机和升压站运维吊机。

2.1.3 建筑工程

建筑工程指构成风电场固定资产的全部建（构）筑物工程，由发电场工程、海上升压站工程、电缆工程、陆上升压站（或集控中心）工程、交通工程、其他工程组成。

发电场工程指发电场内的风电机组基础工程和集电线路工程。

海上升压站工程指海上升压变电站建（构）筑物，由海上升压站基础工程、上部结构工程组成。

登陆电缆工程指海上升压站高压侧（110kV 及以上）至陆上升压变电站（或者集控中心）的海缆穿堤工程和陆缆工程，由登陆工程、水下防护工程、水下爆破工程组成。

陆上升压变电站（或集控中心）工程指陆上升压变电站（或集控中心）内构筑物，由场地平整工程、电气设备基础工程、配电设备构筑物、生产建筑工程、辅助生产建筑工程、现场办公及生活建筑工程、室外工程等组成。其中生产建筑工程包括中央控制室（楼）、配电装置室（楼）、无功补偿装置室等；辅助生产建筑工程包括污水处理室、消防水泵房、消防设备间、柴油机房、消防设备间、柴油发电机房、锅炉房、仓库、车库等，现场办公及生活建筑工程包括办公室、值班室、宿舍、食堂、门卫室等；室外工程包括围墙、大门、站区道路、站区地面硬化、站区绿化、其他室外工程等，其中其他室外工程包括站内给水管、排水管、检查井、雨水井、污水井、井盖、阀门、化粪池、排水沟等。

交通工程指风电场对外交通工程和码头工程，包括升压变电站（或集控中心）进展道路、码头工程。

其他工程指除上述之外的工程，由环境保护工程、水土保持工程、劳动安全与工业卫生工程、安全监测工程、消防设施及生产生活供水工程、集中生产运行管理设施分摊及其他需要单独列项的工程组成。

2.1.4　其他工程

其他工程指为完成工程建设项目所必需，但不属于设备购置、建安工程的其他相关工程内容，由项目建设用海（地）、项目建设管理、生产准备、科研勘察设计和其他税费等组成组成。

项目建设用海（地）费指为获得工程建设所必需的场地，按照国家、地方相关法律法规规定应支付的有关费用，由建设用海费、建设用地费组成。其中建设用海费包括海域使用金和海域使用补偿费；建设用地费包括土地征收费、临时用地征用费、地上附着补偿费、余物清理费。

工程前期费至预可行性研究报告审查完成以前（或风电场工程筹建前）开展各项工作发生的费用。

项目建设管理费指工程项目在立项、筹建、建设、联合试运行、竣工验收、交付使用等过程期间发生的各种管理性费用，由工程前期费、工程建设管理费、工程建设监理费、项目咨询服务费、专项专题报告编制费、项目技术经济评审费、工程质量检查检测费、工程定额标准编制管理费、项目验收费、工程保险费组成。

生产准备费指工程建设项目法人为准备正常的生产运行所需发生的费用，由生产人员培训及提前进厂费、生产管理用工器具及家具购置费、备品备件购置费、联合试运转费组成。

科研勘察设计费指为工程建设而开展的科学研究试验、勘察设计等工作所发生的费用，包括：科研试验费、勘察设计费、竣工图编制费等。

其他税费指根据国家有关规定需要交纳的税费，由水土保持补偿费等组成。

2.2 工程建设成本构成

海上风电场工程成本构成如图2-2所示。

2.2.1 设备购置成本

设备购置成本由设备原价、运杂费、运输保险费、采购保管费组成。

设备原价分为国产设备原价和进口设备原价。其中国产设备原价指设备出厂价；进口设备原价由设备到岸价和进口环节征收的关税、增值税、手续费、商检费、港口费组成。

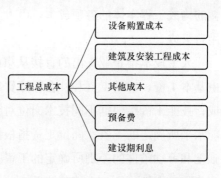

图2-2 海上风电场工程成本构成

运杂费是指设备由厂家运至组（安）装场所发生的一切运杂费用，包括运输费、调车费、装卸费、包装绑扎费及其他杂费等。

运输保险费是指设备由厂家运至交货点运输过程中发生的保险费用。

采购保管费是指设备在采购、保管过程中发生的各项费用。

2.2.2 建筑及安装工程成本

建筑及安装工程成本由直接成本、间接成本、利润和税金组成。建筑及安装工程成本构成如图2-3所示。

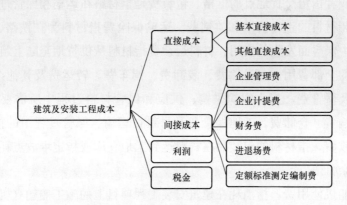

图2-3 建筑及安装工程成本构成

1. 直接成本

直接成本是指建筑及安装工程施工过程中直接消耗在工程项目建设中的活劳动和物化劳动，由基本直接成本和其他直接成本组成。

（1）基本直接成本。基本直接成本指在正常的施工条件下，施工过程中消耗的构成工程实体的各项成本，由人工成本、材料成本、施工船舶（机械）使用费组成。

人工成本指企业支出的直接从事建筑及安装工程施工的生产工人的成本，由基本工资、辅助工资和社会保障费组成。基本工资由技能工资和岗位工资组成；技能工资指根据不同技术岗位对劳动技能的要求和职工实际具备的劳动技能水平所确定的工资；岗位工资指根据职工所在岗位的职责、技能要求、劳动强度和劳动条件的差别所确定的工资。辅助工资指在基本工资之外，需支付给职工的工资性收入，由施工津贴、非作业日停工工资等组成；非作业日指职工学习、培训、调动工作、探亲、休假，因气候影响的停工，女工哺乳期，六个月以内的病假，产、婚、丧假等。社会保障费用指按国家有关规定和有关标准计提的基本养老保险、失业保险、医疗保险费、生育保险费、工伤保险费、住房公积金。

材料成本是指用于建筑及安装工程项目中消耗的材料成本、装置性材料和周转性材料摊销费，由材料原件、包装费、运输保险费、材料运杂费、材料采收保管费、包装品回收费组成，各项组成内容均不含增值税。材料原价是指材料出厂价或者指定交货地点的价格。包装费是指材料在运输和保管过程中的包装费和包装材料的正常折旧和摊销费。运输保险费指材料为在铁路、公（水）路运输途中保险而发生的费用。材料运杂费指材料从供货地至陆上组（安）装场所发生的全部费用，由运输费、装卸费、调车费、转运费及其他杂费组成。材料采购及保管费，指为组织采购、供应和保管材料过程中所需要的各项费用，由采购费、仓储费、工地保管费及材料在运输、保管过程中的损耗组成。包装品回收费，指材料的包装品在材料运到工地仓库或指定堆放点耗用后，包装品的剩余价值。

施工船机使用费，指消耗在建筑安装工程项目上的施工船舶（机械）折旧费、维修费、人工费和动力燃料费等。施工船舶使用费包括基本折旧费、船舶检修费、船舶小修费、船舶航修费、船舶辅助材料费、保险及其他费、船上人工费、动力燃料费等。施工机械使用费包括基本折旧费、设备修理费、安装拆卸费、机上人工费、动力燃料费等。

基本折旧费指施工船舶（机械）在规定的使用期内回收原值的艘（台）班折旧摊销费用。船舶检修费指施工船舶使用到达规定的检修间隔期，必须进行检修以恢复其正常功能所需的费用。设备修理费指施工机械使用过程中，为了使机械保证正常运转所需替换设备、零件的费用，随机配备工具、附具的摊销和维护费用，日常保养所需的润滑油、擦拭用品以及机械保管等费用。船舶小修费，指施工船舶使用到达规定的小修间隔期，必须进行小修所需的费用。船舶航修费，指施工船舶在使用过程中经常性保养维修的费用。船舶辅助材料费，指施工船舶在使用过程中辅助材料的消耗、工具及替换设备的修理更新、低值易耗品的摊销、润滑油、液压油料、擦拭材料等的费用。施工机械安装拆卸费，指施工机械进出工地的安装、拆卸、试运转及辅助设施的摊销费，不包括施工船舶艘（台）班费定额中 A 类施工机械。保险及其他费，指船舶的船壳险保险费、油污险保险费、船舶使用税、船舶检验费等。船（机）上人工费，指施工船舶（机械）使用时船（机）上操作所配备人员的人工费用。动力燃料费，指施工船舶（机械）正常运转所需的水、电、油料等费用。

（2）其他直接成本。其他直接成本指为完成工程项目施工，发生于该工程施工前和施工过程中非工程实体项目的成本，由冬雨季及夜间施工增加费、临时设施费、外海工程拖船费和其他组成。

冬雨季及夜间施工增加费由冬雨季施工增加费和夜间施工增加费组成。冬雨季施工增加费指按照合理的工期要求，必须在冬雨季期间连续施工而需要增加的费用，包括采暖养护、防雨、防潮湿措施增加的费用以及由于采取以上措施增加工序、降低工效而发生的补偿费用；夜间施工增加费指因夜间施工所发生的施工现场的施工照明设备摊销及照明用电等费用。

临时设施费，指施工企业为满足现场正常生产、生活需要，在现场搭建的生活、生产用临时建筑物、构筑物和其他临时设施所发生的费用。包括临时设施的搭设、维修、拆除、折旧及摊销费。

外海工程拖船费，指工程使用打桩船、起重船、运输船等大型工程船在外海施工时，由于风浪、水流等原因不能连续驻船作业，必须拖回临时停泊地而发生的船舶拖运费。

其他，包括施工工具用具使用费、检验试验费、工程定位复测、工程点交、场地清理等。施工工具用具使用费指施工生产所需不属于固定资产的生产工具及检验、试验用具等的购置、摊销和维修费等（不包括定额中已摊销和计列项目）。检验试验费指建筑材料、构件和建筑安装物进行一般鉴定、检查所发生的费用，包括自设试验室进行试验所耗用的材料和化学用品费用等，以及技术革新和研究试验费。不包括新结构、新材料的试验费和建设单位要求对具有出厂合格证明的材料进行检验、对构件破坏性试验及其他特殊要求检验试验的费用。

2. 间接成本

间接成本指建筑安装产品的生产过程中，为工程项目服务而不直接消耗在特定产品对象上的费用。由企业管理费、企业计提费、财务费、进退场费和定额标准测定编制费组成。

（1）企业管理费，指建筑安装施工企业组织施工生产和经营管理所发生的费用，包括管理人员工资、办公费、差旅交通费、固定资产使用费、工具用具使用费、保险费、税金、技术转让费、技术开发费、业务招待费、投标费、广告费、公证费、诉讼费、法律顾问费、审计费和咨询费，以及应由施工单位负责的施工辅助工程设计费、工程图纸资料和工程设计费等。

（2）企业计提费，指按照国家规定必须缴纳和企业计提的费用，包括管理人员社会保障费、管理及生产人员的职工福利费、劳动保护费、工会经费、教育经费、危险作业意外伤害保险费。

（3）财务费，指企业为筹集资金而发生的各项费用，包括企业在生产经营期利息支出、汇兑净损失、调剂外汇手续费、金融机构手续费、保函手续费以及在筹资过程中发生的其他财务费用。

（4）进退场费，指施工企业根据建设任务的需要，派遣人员和施工船舶机械（不包括施工船舶艘（台）班费定额中的 A 类船舶）迁往工程所在地发生的往返搬迁费用。

（5）定额标准测定编制费，指施工企业为进行企业定额标准测定、制（修）订以及行业定额标准编制提供基础数据所需的费用。

3. 利润

利润指按风电建设项目市场情况应计入建筑安装工程费用中的盈利。

4.税金

税金指按国家税法规定应计入建筑安装工程费用中的增值税、城市建设维护税、教育费附加及地方教育费附加。

2.2.3　其他成本构成

其他费用构成如图 2-4 所示。

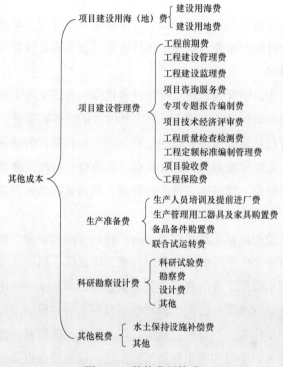

图 2-4　其他费用构成

1.项目建设用海（地）费

项目建设用海（地）费指为获得工程建设所必需场地并符合国家、地方相关法律法规规定应支付的有关费用，由建设用海费、建设用地费组成。

2.项目建设管理费

项目建设管理费指建设项目从立项、筹建、建设、联合试运转、竣工验收交付使用等所发生的管理费用，包括工程建设管理费、工程建设监理费、项目咨询服务费、专项专题报告编制费、项目技术经济评审费、工程质量检查检测费、工程定额标准编制管理费、工程验收费和工程保险费。

（1）工程前期费。指预可行性研究设计报告审查完成以前（或风电场工程筹建前）开展各项工作发生的费用，包括建设单位管理性费用，水文、气象等资料的收集费用；前期设立测风塔、购置测风设备及测风费用、购置海洋水文观测设备及观测费用，进行工程规划、预可行性研究以及为编制上述设计文件所进行地质勘察、研究试验及勘察作业期间水域养殖补偿及渔业补偿等发生的费用。

（2）工程建设管理费，指项目法人为保证项目建设的正常进行，从工程筹建至竣工验收全过程所需要的费用，包括管理设备及用具购置费、人员经常费和其他管理性费用。

管理设备及用具购置费包括工程建设管理需购置的交通工具、办公及生活用房及用具、检验试验设备和用于开办工作发生的设备购置费。

人员经常费包括建设管理人员的工资、职工福利费、劳动保护费、教育经费、工会经费、危险作业意外伤害保险费、办公费、差旅交通费、会议及接待费、技术图书资料费、零星固定资产购置费、低值易耗品摊销费、工具用具使用费、修理费、水电费、采暖费等。

其他管理性费用包括土地使用税、房产税、合同公证费、调解诉讼费、审计费、工程项目移交生产前的维护和运行费、印花税、招标业务费、设备成套服务费、管理用车费用、保险费以及其他属管理性质开支的费用。

（3）工程建设监理费，指在工程建设项目开工后，根据工程建设管理的实施情况委托监理单位在工程建设过程中，对工程建设的质量、进度和投资进行监理（包含环境保护工程和水土保持工程监理）以及机电设备和金属结构进行监造所发生的全部费用。

（4）项目咨询服务费，指对项目工程勘察设计、建设用海（地）、融资、环境影响以及建设管理等过程中有关技术、经济和法律问题进行咨询服务所发生的费用。其中也包括招标代理、造价咨询服务（招标控制价、执行概算等编制，工程结算审核，竣工结算编制及审核等）等费用。

（5）专项专题报告编制费，指环境影响评价报告书（表）或海洋环境影响评价报告书（表）、水土保持方案报告书（表）、用海预审文件、地质灾害评估报告、安全预评价报告、接入系统设计报告、地震安全评价报告、压覆矿产资源调查报告、文物古迹调查报告、土地预审及勘察报告、海域使用论证报告、海缆路由论证报告、海洋水文研究专题报告、通航安全评估报告、海缆穿越海堤论证报告、节能评估专篇、社会稳定风险分析报告、项目申请报告、竣工决算报告等报告编制所发生的费用。

（6）项目技术经济评审费，指对项目安全性、可靠性、先进性、经济性进行评审所发生的费用，包括风电场工程项目预可行性研究、可行性研究、招标设计、施工图设计各阶段设计报告审查，专题、专项报告审查或评审等。

（7）工程质量检查检测费，指工程建设期间，由具备相应资质资格的工程质量监督检测机构对工程建设质量进行检查、检测、检验所发生的费用，包括桩基检测、特种设备检测等。

（8）工程定额编制管理费，指根据行业管理部门授权或委托编制、管理风电场工程定额和造价标准，以及进行相关基础工作所需要的费用。

（9）项目验收费，指项目法人根据国家有关规定进行各阶段工程验收所发生的费用，包括在工程建设过程中和工程竣工交付使用前进行工程质量、工程安全、环境保护、水土保持、工程消防、劳动安全与工业卫生、工程档案和工程竣工决算等专项验收所发生的费用。

（10）工程保险费，指工程建设期间，为工程可能遭受自然灾害和意外事故造成损失后能得到风险转移或减轻，对建筑安装工程、永久设备而投保的工程一切险、财产险、第三者责任险等。

3. 生产准备费

生产准备费指项目法人为准备正常的生产运行所需发生的费用，包括生产人员培训及提前进厂费、生产管理用工器具及家具购置费、备品备件购置费、联合试运转费。

（1）生产人员培训及提前进厂费包括生产人员培训费、生产人员提前进场费。生产人员培训费，指为准备正常的生产运行需对工人、技术人员与管理人员进行培训所发生的费用。生产人员提前进厂费，指提前进厂人员的工资、职工福利费、劳动保护费、教育经费、工会经费、办公费、差旅交通费、会议费、技术图书资料费、零星固定资产购置费、修理费、低值易耗品摊销费、工器具使用费、水电费、取暖费、通信费、招待费等以及其他属于生产筹建期间需要开支的费用。

23

（2）生产管理用工器具及家具购置费，指为保证正常的生产运行管理所必须购置的办公、生产和生活用工器具及家具费用。不包括设备价格中配备的专用工具购置费。

（3）备品备件购置费，指为保证工程正常生产运行，在安装及试运行期，必须准备的各种易损或消耗性备品备件和专用材料的购置费。不包括设备价格中配备的备品备件。

（4）联合试运转费，指进行整套设备带负荷联合试运转期间所发生的费用，扣除试运转收入后的净支出。

4. 科研勘察设计费

科研勘察设计费指可行性研究设计、招标设计和施工图设计阶段发生的勘察费、设计费、竣工图编制费和重大科研试验费用。其中重大科研试验费用指超出现行规程规范要求的科研试验项目费用。

5. 其他税费

其他税费指根据国家有关规定需要缴纳的费用，包括水土保持补偿费等。

2.2.4　预备费构成

预备费包括基本预备费和差价预备费。其中，基本预备费指用于解决可行性研究设计范围以内的设计变更（含施工过程中工程量变化、设备改型、材料代用等），预防自然灾害采取措施，以及弥补一般自然灾害所造成损失中工程保险未能赔付部分而预留的工程费用。差价预备费指在工程建设过程中，因国家政策调整、材料和设备价格上涨、人工费和其他各种费用标准调整、汇率变化等引起投资增加而预测预留的费用。

2.2.5　建设期利息构成

建设期利息指筹措债务资金时在建设期内发生并按照规定允许在投产后计入固定资产原值的债务资金利息。包括银行借款和其他债务资金的利息以及其他融资费用。其他融资费用指某些债务融资中发生的手续费、承诺费、管理费、信贷保险费等。

2.3　工程造价编制

工程造价构成如图 2-5 所示。

2.3.1 编制依据

工程造价编制依据的行业标准包括：《海上风电场工程设计概算编制规定及费用标准》（NB/T 31009—2019）；《陆上风电场工程设计概算编制规定及费用标准》（NB/T 31011—2011）；《海上风电场工程概算定额》（NB/T 31008—2019）；《陆上风电场工程概算定额》（NB/T 31008—2019）；以及行业主管部门发布的规范、标准等。

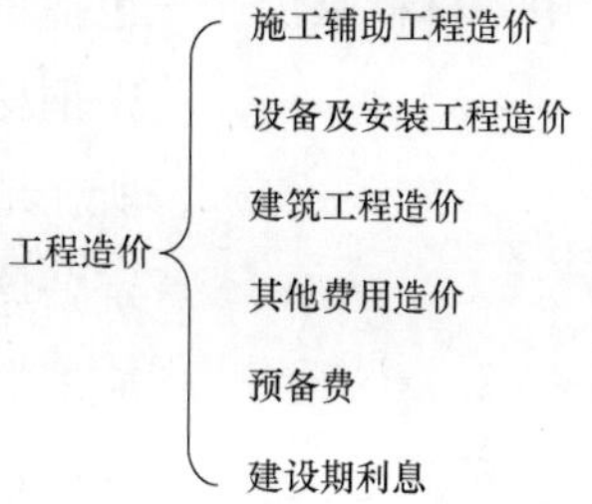

工程造价 {
施工辅助工程造价
设备及安装工程造价
建筑工程造价
其他费用造价
预备费
建设期利息
}

图 2-5　工程造价构成

工程造价编制依据的法律法规包括：《关于建筑业营业税改征增值税后海上风电场工程计价依据调整实施意见》和《关于建筑业营业税改征增值税后陆上风电场工程计价依据调整实施意见》（可再生定额〔2016〕32号）；《关于调整水电工程、风电场工程及光伏发电工程计价依据中建筑安装工程增值税税率及相关系数的通知》（可再生定额〔2019〕14号）；以及其他国家及有关部门颁布的有关法律、法规、规章、行政规范性文件。

工程造价编制依据的其他文件包括：风电场工程设计工程量计算规定和可行性研究阶段设计文件及图纸等。

2.3.2 基础价格编制

基础价格应按概算编制期的有关政策、规定及市场价格水平进行编制。包括人工预算单价、主要材料预算价、施工用电用水预算价、混凝土材料单价、施工船舶（机械）艘（台）班费。

（1）人工预算单价。人工预算单价的编制人工费包括工资和各种补贴，工资按各地区发布的最低工资标准考虑扩大系数。人工预算单价按风电场工程定额管理机构发布费用标准计算。

（2）主要材料预算价格。主要材料预算价格对于用量多、影响工程投资较大的主要材料，如钢材、钢筋、水泥、砂、石、油料、电缆及母线等，应编制材料预算价格。次要材料按当地市场价格计算。海缆仅计算出厂价和采购保管费，其装船、运输等费用已包含在定额中，导管架、钢管桩、附属钢构件等装置性材料费计算运至陆上组装场和码头的运杂费和采购保管费。材料预算价格为

材料预算价格＝[材料原价(不含税)＋运输保险费＋

(运杂费×材料毛重系数)]×(1＋采购及保管费率)　(2-1)

式中　材料原价——包括钢材钢筋、水泥、油料、海（电）缆及母线价格。其中钢材钢筋的品种、规格，按设计要求确定，原价按工程所在地不含税市场价格计算；水泥的品种按设计要求选定，原价按当地不含税市场价格计算；油料的品种、规格应根据工程所在地的气温条件确定，原价采用工程就近石油公司大型油库的不含税批发价格计算；海（电）缆及母线的品种、规格及型号由设计确定，原价按不含税市场价格计算。

材料运输保险费——根据保险公司有关规定或询价计算。

材料运杂费——包括运输费、装卸费、调车费及其他杂费等。其中铁路运输按铁道部现行《铁路货物运价规则》及有关规定计算；公路及水路运输按工程所在地省、自治区、直辖市交通部门现行规定计算，或根据市场调查资料分析确定；铁路运输货物质量按车辆标记吨位计算运输费，在计算铁路运输费时，可考虑一定的装载系数；汽车运输钢材、水泥等材料，一般情况下均按所运货物实际质量计算；火工产品、汽油、柴油按有关规定不允许满载，因此计算汽车运杂费时，应按地方运输细则考虑空载系数。

材料毛重系数——材料单位毛重指材料的单位运输质量，各种材料的毛重系数按有关规定或实际资料计算。

材料采购及保管费——按材料运至工地仓库的预算价格为基数的百分比计算。

（3）施工用电用水预算价格。

1）施工供电价格，由基本电价（不含税）、电能损耗摊销费和供电设施维修摊销费组成。基本电价有外购基本电价和自发基本电价两种形式。外购基本电价指按国家或工程供电所在省、自治区、直辖市规定的电网电价和规定的加价，并需支付给供电单位的供电价格。自发基本电价指自备发电设备的单位发电成本。电能损耗摊销费指从外购接入点（自发电指从发电设备出线侧）到现场各施工点最后一级降压变压器低压侧止，在所有变配电设备和输电线路上发生的电能损耗。供电设施维修摊销费，摊入电价的变配电设备的基本折旧费、修理费、安装拆除费、设备及输配电线路的运行维护费。根据风电场工程施工的特点，以上两种供电方式都存在，电价应按不同供电方式的电量所占比例和相应供电价格加权平均计算。

根据施工组织设计确定的供电方式、供电电源、不同电源的电量所占比例、相应供电价格以及供电过程中发生的费用进行计算。电网供电价格为

$$电网供电价格＝基本电价/(1－高压输电线路损耗率)/$$
$$(1－变配电设备及配电线路损耗率)＋供电设施维修摊销费$$

$$(2-2)$$

式中　　高压输电线路损耗率——取 2%～5%；

变配电设备及配电线路损耗率——取 4%～6%；

供电设施维修摊销费——取 0.03 元/kWh。

柴油发电机供电价格为

$$柴油发电机额定容量之柴油发电机(台)时总费用和 K÷$$
$$(1－变配电设备及配电线路损耗率)＋供电设施维修摊销费　(2-3)$$

式中　　　　　　　　　K——发电机出力系数，取 0.8；

变配电设备及配电线路损耗率——取 2%～3%；

供电设施维修摊销费——取 0.03 元/kWh。

2）施工供水价格根据设计的供水方式计算。施工供水价格按当地不含税市场价并加计运输费用计算。

（4）混凝土材料单价。混凝土材料单价根据设计确定的不同工程部位的混凝土强度等级、级配和龄期，分别计算出包括水泥、掺和料、砂石料、外加剂和水的每立方米混凝土材料单价，计入相应的混凝土工程单价内。其混凝土配合比的各项材料用量，应根据设计试验提供的资料计算，若无试验资料时，可参考类似工程的资料分析确定。

（5）施工船舶（机械）艘（台）班费。施工船舶（机械）艘（台）班费根据《风电场工程施工船舶（机械）艘（台）班费用定额》及有关规定计算。对于定额缺项的船舶、机械，可补充编制施工船舶（机械）艘（台）班费。

2.3.3　建筑及安装工程单价编制

海上风电场陆上工程的建筑安装工程应执行《陆上风电场工程设计概算编制规定及费用标准》及配套定额；建筑及安装工程单价由直接费、间接费、利润和税金组成。

直接费包括直接工程费和其他直接费。直接工程费包括人工费、材料费和施工船机使用费。人工费按定额人工消耗量乘人工预算单价计算；材料费按定额材料消耗量乘材料预算单价计算，其中安装工程中的装置性材料量按定额单位装置性材料量乘操作损耗率计算；施工船机使用费按定额船机消耗量乘施工船机艘（台）班费单价计算。其他直接费包括冬雨季及夜间施工增加费、临时设施费、外海工程拖船费和其他，其他直接费按人工费和施工船机使用费之和为基数的百分比计算。

间接费按人工费和施工船机使用费之和为基数的百分比计算。

利润按人工费、施工船机使用费、其他直接费及间接费之和为基数的百分比计算。

税金按直接费、间接费及利润之和为基数的百分比计算。

2.3.4　设备购置费编制

设备费包括设备原价、设备运杂费、设备运输保险费和采购及保管费。设备原价（到场价）根据设备出厂价格计算。国产设备以出厂价为原价，进口设备以到岸价加进口征收的税金、手续费、商检费、港口费之和作为原价。设备运杂费按设备原价乘设备运杂费率计算。运输保险费按设备原价乘运输保险费率计算。采购保管费按设备原价及设备运杂费之和为基数的百分比计算。生产运维船舶购置费按运维模式确定的生产船舶数量乘相应单价计算。生产车辆购置费按运维模式确定的生产车辆数量乘相应单价计算。

2.3.5　工程总造价编制

1. 整体造价编制要求

施工辅助工程、设备及安装工程、建筑工程、其他费用项目清单的一级项目和二级项目均应符合本书附录 A 的规定，三级项目可根据风电场工程可行性研究报告编制规程的设计深度要求和工程实际情况增减项目，并按设计工程量计列。

2. 施工辅助工程造价编制

施工辅助工程包括施工交通工程、大型船舶机械进出场费、其他施工辅助工程和安全文明施工措施费。施工交通工程投资按设计工程量乘单价或根据工程所在地区造价指标及有关实际资料，采用扩大单位指标编制。大型船舶机械进出场费根据市场价格确定。其他施工辅助工程投资中施工供电、供水工程按设计工程量乘单价或根据工程所在地区造价指标及有关实际资料采用扩大单位指标编制；施工期海上通航安全服务费按项目所在地相关规定计算；钻孔平台搭设与拆除按设计工程量乘单价计算；施工期海上生活平台按施工组织设计确定的方案计算；试桩工程为设计试桩，可按试桩方案分析测算或参考类似项目计列；其他按除其他本身及安全文明施工措施费外的施工辅助工程投资的百分比计算。安全文明施工措施费按建筑安装工程费（不含按单位造价指标计算的项目投资及安全文明施工措施费本身）的百分率计算。

3. 设备及安装工程造价编制

设备及安装工程按设备费和安装工程费分别进行编制。设备费按设备清单工程量乘设备价格计算。安装工程费按设备清单工程量乘安装工程单价计算。

4. 建筑工程概算编制

主体建筑工程按工程量乘工程单价计算。房屋建筑工程按房屋建筑面积乘单位造价指标计算。现场房屋建筑面积，由设计确定，单位造价指标参照工程所在地相应的房屋建筑工程单位造价指标。其他室外工程可按陆上升压站（或集控中心）房屋建筑工程投资的百分比计算。其他室外工程包括站内给水管、排水管、检查井、雨水井、井盖、阀门、化粪池、排水沟等构筑物。交通工程进站道路按设计工程量乘单价计算，也可根据工程所在地区造价指标或有关实际资料，采用扩大单位指标编制。码头工程投资按照沿海港口建设工程投资编制规定计算，包括工程费用、其他费用、预留费用。码头工程投资不作为海上风电场其他费用、预备费计算基础。

环境保护工程、水土保持工程、劳动安全与工业卫生工程，各专项投资按专项设计报告所计算投资分析计列。安全监测工程投资根据安全监测工程设计工程量乘单价计算。集中生产运行管理设施建筑面积按生产运行人员定员和人均面积指标计算，生产运行人员定员由设计根据工程规模和项目管理需要确定，单位造价指标参照就近城镇永久房屋建筑工程单位造价指标。

5. 其他费用概算编制

（1）项目建设用海（地）费。项目建设用海（地）费按工程设计用海（地）面积乘相应项目费用标准计算。

（2）项目建设管理费。

1）工程前期费包括建设单位管理性费用、设立测风塔、购置测风设备及测风数据、购置海洋水文观测设备及观测费用等前期费用、规划费用、预可行性研究阶段勘察设计费、特许权招标工程咨询代理费等。其中建设单位管理性费用、设立测风塔、购置测风设备及测风数据、购置海洋水文观测设备及观测费用等前期费用可根据项目实际发生情况分析计列；规划费用按规划风电场总装机规模分摊原则计算；预可行性研究阶段勘察设计费根据工程勘察设计费计算成果和本设计阶段比例计算。

2）工程建设管理费按建筑安装工程费和设备费之和为基数的百分比计算。

3）工程建设监理费按建筑安装工程费和设备费之和为基数的百分比计算。

4）项目咨询服务费按建筑安装工程费和设备费之和为基数的百分比计算。

5）专项专题报告编制费根据工程实际情况计列。

6）项目技术经济评审费按建筑安装工程费和设备费之和为基数的百分比计算。

7）工程质量检查检测费按建筑安装工程费为基数的百分比计算。

8）项目验收费按建筑安装工程费和设备费之和为基数的百分比计算。

9）工程保险费按建筑安装工程费和设备费之和为基数的百分比计算。

（3）生产准备费。生产人员培训及提前进厂费按建筑安装工程费之和为基数的百分比计算。生产管理用工器具及家具购置费按建筑安装工程费和设备费之和为基数的百分比计算。备品备件购置费按设备费为基数的百分比计算。当风电机组设备价格中已包含备品备件时，计算基数应扣除相应设备费用。联合试运转费按安装工程费为基数的百分比计算。

（4）科研勘察设计费。重大科研试验费可按研究试验工作项目内容和要求单独计列费用。风电场工程勘察设计按规划阶段、预可行性研究阶段、可行性研究阶段、招标设计阶段、施工图设计阶段五阶段划分；全阶段勘察设计费按工程设计概算建筑安装工程、设备费为基数以及勘察、设计费率和相应设计阶段工作比例计算；其中规划及预可研两阶段费用计入工程前期费，可研及以后三阶段费用计入勘察设计费。竣工图编制费按可研、招标设计、施工图设计三阶段工程设计费的8%计算。

（5）其他税费。其他税费按国家有关法规以及省、自治区、直辖市颁发的有关文件计列。

6. 预备费编制

（1）基本预备费。按施工辅助工程投资、设备及安装工程投资、建筑工程投资、其他费用四部分之和的相应费率计算。

（2）价差预备费。应根据施工年限，以分年投资（含基本预备费）为计算基础计算。价差预备费应从编制概算所采用的价格水平年的次年开始计算。风电场工程年度价格指数，根据近期设备及材料价格趋势分析确定。

7. 建设期利息编制

建设期利息应根据项目投资额度、资金来源及投入方式，从工程筹建期开始，以分年度投资为基数逐年计算，银行贷款利率采用编制期中国人民银行规定的基准贷款利率。第一组（批）机组投产前发生的工程贷款利息全部计入工程建设投资；第一组（批）机组投产后，应按投产容量对利息进行分割，分别转入基本建设投资和生产运营成本。

8. 工程总投资

工程总投资为静态投资、预备费、建设期贷款利息三项之和。工程静态投资为施工辅助工程投资、设备及安装工程投资、建筑工程投资以及其他费用四部分费用之和。若工程项目投资包括陆上送出工程投资时，送出工程投资计列在风电场工程总投资之后。

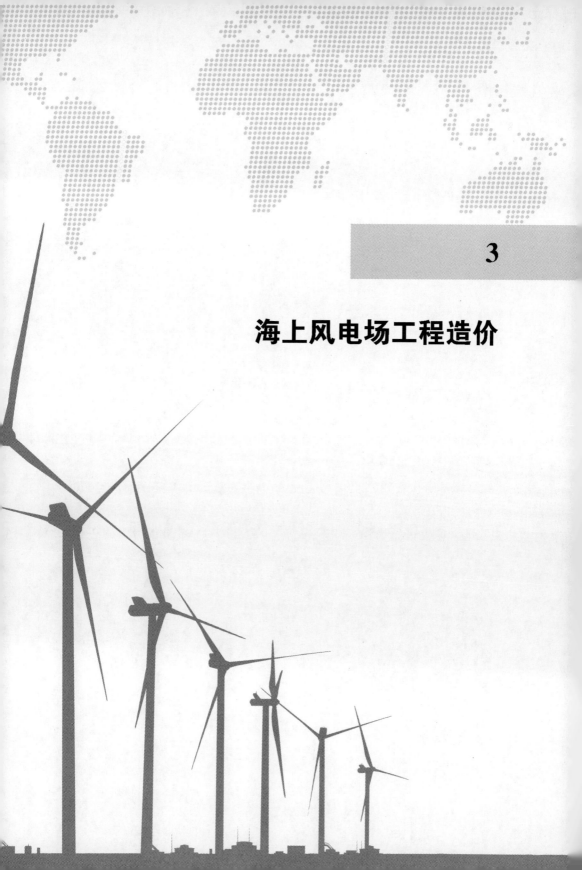

3

海上风电场工程造价

3.1 编制说明

近几年随着投资体制和建设工程计价改革的深入，人们在关注工程建设质量的同时，会更加关注建设工程的成本。海上风电场工程造价由于具有复杂性、单一性等特点，同样的工程在不同的海域、不同的时期建设其造价不可能一样，甚至相差还很大，其原因就是不同时期不同省份的材料价格和劳动力情况相差较大，就是在同一个海域同一时期因施工方法、现场情况等影响其造价也不一样。由于建设工程的这些特点，给有效的控制工程造价带来了困难，因此通过对已完工程造价情况进行总结与分析，编制出一套可续合理的针对我国海上风电实际情况的工程造价指标，是合理控制工程造价，实现工程造价动态管理的最有效途径。

本书中海上风电工程造价指标的编制方案是各海域代表性海上风电场工程作为基本方案，编制参考总造价指标以及参考单项工程造价指标。具体海上风电场项目工程造价，可以以基本方案造价指标为基准，通过调整模块造价指标，替换基本方案中相关模块内容，得到具体海上风电场项目工程造价。

3.1.1 基础价格编制说明

海上人工预算单价标准按 NB/T 31009—2019 规定执行，建筑与安装人工预算单价为 325 元/工日；船员人工预算单价为 483 元/工日。

风力发电机组及塔筒、主变压器等主要设备按投标价或与供应商签订的协议价计取，其他主要设备参照近期同类工程合同价及招标价或者通过询价取定。

建筑及安装工程主要材料价格参考各地级市市场价格计算，材料预算价格由材料原价、材料运输保险费、材料运杂费、材料采购及保管费构成。主要建筑材料价格和主要装置性材料参考价格分别见表 3 - 1 和表 3 - 2。

表 3 - 1　　　　　　　　　　　主要建筑材料参考价格

序号	材料名称	单位	材料预算价格（除税）（元）	序号	材料名称	单位	材料预算价格（除税）（元）
1	钢筋 HRB 400	t	4240	3	水泥 42.5	t	612.07
2	水泥 52.5	t	676.72	4	水泥 32.5	t	500

序号	材料名称	单位	材料预算价格（除税）（元）	序号	材料名称	单位	材料预算价格（除税）（元）
5	中砂	m³	110.34	11	混凝土 C35	m³	554.81
6	碎石	m³	112.07	12	柴油 0#	kg	8
7	片石	m³	129.31	13	汽油 92#	kg	9.75
8	标准砖	千块	572.82	14	施工用电	kWh	2.49
9	混凝土 C15	m³	507.4	15	施工用水	m³	8.7
10	混凝土 C30	m³	528.95				

表 3-2　　　　　　　　主要装置性材料参考价格

序号	项目名称	单位	预算价格
1	35kV 海底光电复合缆 3×70 26/35kV＋SM36C	m	914
2	35kV 海底光电复合缆 3×120 26/35kV＋SM37C	m	1039
3	35kV 海底光电复合缆 3×150 26/35kV＋SM38C	m	1269
4	35kV 海底光电复合缆 3×185 26/35kV＋SM39C	m	1314
5	35kV 海底光电复合缆 3×240 26/35kV＋SM40C	m	1605
6	35kV 海底光电复合缆 3×300 26/35kV＋SM42C	m	1832
7	35kV 海底光电复合缆 3×400 26/35kV＋SM43C	m	2089

3.1.2　基本方案造价指标编制说明

基本方案造价指标按照风场规模 300MW 黄海海域配套建造一座 220kV 海上升压站等条件计算。电气系统分两部分布置，海上布置 220kV 升压站，陆上布置集控中心。220kV 海上升压站将 35kV 电压升压至 220kV，经两回 220kV 海底电缆将风机所发电能送至陆上集控中心，并就近转入电网系统。海上升压站设计为 GIS 式无人值班，风电场和升压站均配置微机型保护、测控及安全自动装置单元，采用全计算机方式进行监控。

在风电机组安装工程、风电机组基础工程等基本方案不同时，增加相应的调整模块，供使用者在不同设计方案的情况下调整使用。

每个模块列出的明细表仅为该模块各方案间有差异的主要内容，模块造价为静态投资，含模块技术条件中所描述系统的设备、安装或建筑工程费用，不含其他费用、材料价差及基本预备费。模块各方案造价的边界一致，可以互换。若现有调整模块不能覆盖实际工程的技术条件时，造价分析时可根据工程实际情况自行调整。调整方案具体内容如表 3-3 所示。

表 3-3　　　　　　　　　　　　调整方案

序号	调整模块内容	备注
一	风电机组安装工程	
1	4MW～5MW 风电机组	分为渤海、黄海、东海和南海 4 个区域
2	6MW～7MW 风电机组	分为渤海、黄海、东海和南海 4 个区域
3	8MW～10MW 风电机组	分为渤海、黄海、东海和南海 4 个区域
二	风电机组基础工程	
1	4MW～5MW 风电机组	分为单桩、导管架、高桩承台和复合筒基础 4 种形式
2	6MW～7MW 风电机组	分为单桩、导管架、高桩承台和复合筒基础 4 种形式
3	8MW～10MW 风电机组	分为单桩、导管架、高桩承台和复合筒基础 4 种形式

基于基本方案各个海域造价控制指标如表 3-4 所示。

表 3-4　　　　　　　　各个海域造价控制指标　　　　　　　　（万元）

序号	工程名称	海域			
		渤海	黄海	东海	南海
Ⅰ	风电场				
一	施工辅助工程	4988.50	4941.85	5797.67	4660.00
1	施工交通工程	2500.00	2520.00	3516.76	2000.00
2	大型船舶（机械）进出场费	1200.00	1000.00	1603.73	1600.00
3	风电设备组（安）装场工程	600.00	500.00	300.00	500.00
4	施工供电工程	38.50	75.12	31.00	42.00
5	施工供水工程	50.00	70.20	56.00	38.00
6	其他施工辅助工程	600.00	776.53	290.18	480.00
二	设备及安装工程	356 241.43	364 420.29	338 226.51	191 945.46
1	发电场设备及安装工程	308 658.44	275 554.05	255 527.77	171 517.87
2	升压变电站设备及安装工程	9240.19	10 052.49	8462.18	9240.19
3	登陆海缆工程	29 068.78	69 539.73	63 691.75	42 415.51
4	控制保护设备及安装工程	2894.30	2894.30	3049.59	3049.59
5	其他设备及安装工程	6379.72	6379.72	7495.22	6781.50
三	建筑工程	126 606.71	99 923.66	173 551.72	246 662.48

续表

序号	工程名称	海域			
		渤海	黄海	东海	南海
1	发电场工程	113 606.41	78 630.06	157 308.86	226 257.62
2	升压变电站工程	8290.74	9948.08	9488.46	9373.19
3	房屋建筑工程	1409.15	5161.22	3753.98	7753.98
4	交通工程	22.72	22.72	22.72	
5	其他工程	3277.69	6161.57	2977.69	3277.69
四	其他费用	32 859.46	31 346.43	39 694.64	38 022.38
1	项目建设用海（地）费	5256.82	3928.64	4676.78	3929.28
2	项目建设管理费	15 604.28	16 019.36	16 438.90	20 109.71
3	生产准备费	2586.59	965.78	2384.32	1773.52
4	科研勘察设计费	8905.58	9832.65	9188.45	11 703.68
5	其他	506.19	600.00	7006.19	506.19
	（一～四）部分合计	520 696.10	500 632.22	557 270.54	550 549.05
五	基本预备费	10 423.11	10 012.64	11 145.41	11 010.98
	工程静态投资（一～五）部分合计	531 578.63	510 644.86	568 954.51	714 189.17
六	价差预备费				
七	建设期利息	16 494.65	12 867.09	20 657.44	32 851.52
八	流动资金	1515.75	1505.00	1520.00	1995.00
九	工程总投资（一～七）部分合计	549 120.42	525 016.96	590 593.40	596 406.55
	单位千瓦静态投资（元/kW）	17 519.71	16 844.63	18 750.32	18 524.16
	单位千瓦动态投资（元/kW）	18 113.82	17 318.72	19 481.89	19 673.65

3.2 基本方案造价控制指标

3.2.1 基本技术组合方案

根据国家能源局发布的《海上风电场工程设计概算编制规定及费用标准》（NB/T 31009—2019）和《海上风电场工程概算定额》（NB/T 31008—2019），并参考在建或投产风电场工程技术方案，基本技术组合方案如表3-5所示。

表 3 - 5　　　　　　　　　　　　基本技术组合方案

序号	项目名称	方案	备注
1	海域	黄海	
2	水深（m）	5～20	
3	50 年一遇最大风速（轮毂高度）（m）	47	
4	装机容量（MW）	303.15	
5	风电机组容量（MW）	6.45	
6	风电机组台数（台）	47	
7	海上升压站等级（kV）	220	
8	海上升压站高压开关设备	GIS 式无人值守	
9	运行管理方式	集控	
10	风机基础形式	单桩	
11	35kV 海底电缆（km）	88	
12	220kV 海底电缆（km）	128	

3.2.2　基本方案参考总造价

基本方案参考总造价如表 3 - 6 所示。

表 3 - 6　　　　　　　　　　基本方案参考总造价　　　　　　　　　（万元）

序号	工程名称	设备购置费	建安工程费	其他费用	合计	占总投资比例（%）
Ⅰ	风电场					
一	施工辅助工程		4941.85		4941.85	0.94
1	施工交通工程		2520.00		2520.00	0.48
2	大型船舶（机械）进出场费		1000.00		1000.00	0.19
3	风电设备组（安）装工程		500.00		500.00	0.10
4	施工供电工程		75.12		75.12	0.01
5	施工供水工程		70.20		70.20	0.01
6	其他施工辅助工程		776.53		776.53	0.15
二	设备及安装工程	328 481.07	35 939.21		364 420.29	69.41
1	发电场设备及安装工程	254 653.17	20 900.88		275 554.05	52.48
2	升压变电站设备及安装工程	8931.87	1120.62		10 052.49	1.91
3	登陆海缆工程	56 809.96	12 729.78		69 539.73	13.25

续表

序号	工程名称	设备购置费	建安工程费	其他费用	合计	占总投资比例（％）
4	控制保护设备及安装工程	2611.75	282.55		2894.30	0.55
5	其他设备及安装工程	5474.32	905.39		6379.72	1.22
三	建筑工程		99 923.66		99 923.66	19.03
1	发电场工程		78 630.06		78 630.06	14.98
2	升压变电站工程		9948.08		9948.08	1.89
3	房屋建筑工程		5161.22		5161.22	0.98
4	交通工程		22.72		22.72	0.00
5	其他工程		6161.57		6161.57	1.17
四	其他费用			31 346.43	31 346.43	5.97
1	项目建设用海（地）费			3928.64	3928.64	0.75
2	项目建设管理费			16 019.36	16 019.36	3.05
3	生产准备费			965.78	965.78	0.18
4	科研勘察设计费			9832.65	9832.65	1.87
5	其他			600.00	600.00	0.11
	（一～四）部分合计	328 481.07	140 804.72	31 346.43	500 632.22	95.36
五	基本预备费			•	10 012.64	1.91
	工程静态投资（一～五）部分合计				510 644.86	97.26
六	价差预备费					
七	建设期利息				12 867.09	2.45
八	流动资金				1505.00	0.29
九	工程总投资（一～七）部分合计				525 016.96	100.00
	单位千瓦静态投资（元/kW）				16 844.63	
	单位千瓦动态投资（元/kW）				17 318.72	
Ⅱ	陆上送出工程					
Ⅲ	项目总投资				525 016.96	

3.2.3 基本方案单项工程造价指标

1. 基本方案指标综述

根据 NB/T 31009—2019 标准，海上风电场工程项目主要划分为施工辅助工程、设备及安装工程、建筑工程和其他工程。基本方案工程造价指标主要包括施工辅助工程造价指标、设备购置费造价指标、安装工程造价指标、建筑工程造价指标和其他费用造价指标。基本方案分类造价如表 3-7 所示。

表 3-7　　　　　　　　　　基本方案分类造价

序号	项目名称	工程造价 （万元）	单位千瓦指标 （元/kW）	占总投资比例 （%）
1	施工辅助工程	4 941.85	163.02	0.94
2	设备购置费	328 481.07	10 835.60	62.57
3	安装工程费	35 939.21	1185.53	6.85
4	建筑工程	99 923.66	3296.18	19.03
5	其他费用	31 346.43	1034.02	5.97
6	基本预备费	10 012.64	330.29	1.91
7	工程静态投资	510 644.86	16 844.63	97.26
8	建设期利息	12 867.09	424.45	2.45
9	流动资金	1505.00	49.65	0.29
10	工程动态投资	525 016.96	17 318.72	100.00

2. 基本方案施工辅助工程指标

施工辅助工程主要由施工供电工程、施工供水工程、风电机组安装平台工程等组成。基本方案施工辅助工程造价指标如表 3-8 所示。

表 3-8　　　　　　　基本方案施工辅助工程造价指标

序号	工程名称	单位工程造价 （万元）	单位千瓦指标 （元/kW）	占总投资比例 （%）
	第一部分 施工辅助工程	4941.85	163.02	100.00
一	施工交通工程	2520.00	83.13	50.99
1	码头租赁	2520.00	83.13	50.99
二	大型船舶（机械）进出场费	1000.00	32.99	20.24
三	风电设备组（安）装工程	500.00	16.49	10.12
四	施工供电工程	75.12	2.48	1.52

续表

序号	工程名称	单位工程造价 （万元）	单位千瓦指标 （元/kW）	占总投资比例 （%）
1	供电线路	30.00	0.99	0.61
2	400kVA 变压器	45.12	1.49	0.91
五	施工供水工程	70.20	2.32	1.42
六	其他施工辅助工程	756.53	28.25	17.33
七	施工期维护保养	300.00	9.90	6.07
八	其他	476.53	15.72	9.64

3. 基本方案设备购置费指标

设备购置费指标如表 3-9 所示。

表 3-9　　　　　　　　　　设备购置费指标

序号	名称及规格	单位工程造价 （万元）	单位千瓦指标 （元/kW）	占总投资比例 （%）
	第二部分 设备及安装工程	328 481.07	10 835.60	100.00
一	发电场设备及安装工程	254 653.17	8400.24	77.52
1	风电机组	212 417.21	7007.00	64.67
2	塔筒（架）	23 711.69	782.18	7.22
3	集电海缆线路	18 524.28	611.06	5.64
二	升压变电站设备及安装工程	8931.87	294.64	2.72
（一）	海上升压变电站	5132.07	169.29	1.56
1	主变压器系统	2234.22	73.70	0.68
2	配电装置设备系统	1745.13	57.57	0.53
2.1	35kV 配电装置	1317.40	43.46	0.40
2.2	220kV 配电装置	427.73	14.11	0.13
3	无功补偿系统	962.39	31.75	0.29
4	变电站用电系统	190.34	6.28	0.06
（二）	陆上集控中心	3799.79	125.34	1.16
1	主变压器系统	1075.68	35.48	0.33
1.1	配电装置设备系统	748.52	24.69	0.23
1.2	无功补偿系统	481.19	15.87	0.15

续表

序号	名称及规格	单位工程造价 （万元）	单位千瓦指标 （元/kW）	占总投资比例 （%）
1.3	变电站用电系统	104.43	3.44	0.03
1.4	电力电缆及母线	61.97	2.04	0.02
1.5	送出工程	1328.00	43.81	0.40
三	登陆海缆工程	56 809.96	1873.99	17.29
四	控制保护设备及安装工程	2611.75	86.15	0.80
（一）	海上升压变电站	958.11	31.61	0.29
1	监控系统	531.45	17.53	0.16
2	直流系统	141.15	4.66	0.04
3	通信系统	232.04	7.65	0.07
4	远程自动控制及电量计量系统	53.47	1.76	0.02
（二）	陆上集控中心	1589.48	52.43	0.48
1	监控系统	1177.79	38.85	0.36
2	直流系统	115.49	3.81	0.04
3	通信系统	264.12	8.71	0.08
4	远程自动控制及电量计量系统	32.08	1.06	0.01
（三）	陆上开关站	64.16	2.12	0.02
五	其他设备及安装工程	5474.32	180.58	1.67
1	采暖通风及空调系统	594.77	19.62	0.18
2	照明系统	244.91	8.08	0.07
3	消防及给排水系统	743.46	24.52	0.23
4	劳动安全与工业卫生设备	167.18	5.51	0.05
5	安全监测设备	756.00	24.94	0.23
6	生产船舶	1500.00	49.48	0.46
7	生产车辆	90.00	2.97	0.03
8	航标工程设备	444.00	14.65	0.14
9	航空警示设备	4.00	0.13	0.00
10	导航系统	100.00	3.30	0.03
11	远程监控系统	500.00	16.49	0.15
12	风功率预测系统	30.00	0.99	0.01
13	接入系统配套设备	300.00	9.90	0.09

4. 基本方案安装工程费指标

安装工程费指标如表 3-10 所示。

表 3-10　　　　　　　　　　安装工程费指标

序号	名称及规格	单位工程造价（万元）	单位千瓦指标（元/kW）	占总投资比例（%）
	第二部分 设备安装工程	35 939.21	1185.53	100.00
一	发电场设备安装工程	20 900.88	689.46	58.16
1	风电机组	17 674.27	583.02	49.18
2	集电海缆线路	3226.60	106.44	8.98
二	升压变电站设备安装工程	1120.62	36.97	3.12
（一）	海上升压变电站	958.37	31.61	2.67
1	主变压器系统	60.04	1.98	0.17
2	配电装置设备系统	82.16	2.71	0.23
2.1	35kV 配电装置	39.79	1.31	0.11
2.2	220kV 配电装置	32.98	1.09	0.09
3	无功补偿系统	29.86	0.98	0.08
4	变电站用电系统	5.25	0.17	0.01
5	电力电缆及母线	781.06	25.76	2.17
（二）	陆上集控中心	162.25	5.35	0.45
1	主变压器系统	31.60	1.04	0.09
1.1	配电装置设备系统	34.60	1.14	0.10
1.2	无功补偿系统	26.87	0.89	0.07
1.3	变电站用电系统	2.80	0.09	0.01
1.4	电力电缆及母线	50.18	1.66	0.14
1.5	送出工程	16.20	0.53	0.05
三	登陆海缆工程	12 729.78	419.92	35.42
四	控制保护设备安装工程	282.55	9.32	0.79
（一）	海上升压变电站	123.93	4.09	0.34
1	监控系统	100.94	3.33	0.28
2	直流系统	1.90	0.06	0.01
3	通信系统	13.60	0.45	0.04
4	远程自动控制及电量计量系统	7.50	0.25	0.02

序号	名称及规格	单位工程造价 (万元)	单位千瓦指标 (元/kW)	占总投资比例 (%)
(二)	陆上集控中心	158.20	5.22	0.44
1	监控系统	117.03	3.86	0.33
2	直流系统	1.73	0.06	0.00
3	通信系统	34.95	1.15	0.10
4	远程自动控制及电量计量系统	4.50	0.15	0.01
五	其他设备安装工程	905.39	29.87	2.52
1	采暖通风及空调系统	118.95	3.92	0.33
2	照明系统	48.98	1.62	0.14
3	消防及给排水系统	185.87	6.13	0.52
4	劳动安全与工业卫生设备	41.80	1.38	0.12
5	安全监测设备	151.20	4.99	0.42
6	航标工程设备	44.40	1.46	0.12
7	航空警示设备	0.80	0.03	0.00
8	导航系统	10.00	0.33	0.03
9	远程监控系统	50.00	1.65	0.14
10	风功率预测系统	4.50	0.15	0.01
11	接入系统配套设备	60.00	1.98	0.17
12	接地	79.15	2.61	0.22
13	其他	109.75	3.62	0.31

5. 基本方案建筑工程费指标

建筑工程费指标如表 3-11 所示。

表 3-11　　　　　　　建筑工程费指标

序号	工程或费用名称	单位工程造价 (万元)	单位千瓦指标 (元/kW)	占总投资比例 (%)
	第三部分　建筑工程	99 923.66	3296.18	100.00
一	发电场工程	78 630.06	2593.77	78.69
1	风电机组基础工程	78 330.06	2583.87	78.39
2	海缆穿堤工程	300.00	9.90	0.30

续表

序号	工程或费用名称	单位工程造价（万元）	单位千瓦指标（元/kW）	占总投资比例（%）
二	升压变电站工程	9948.08	328.16	9.96
1	海上升压站工程	9948.08	328.16	9.96
2	海上生活平台	6560.73	216.42	6.57
3	陆上升压站工程	6560.73	216.42	6.57
3.1	电气设备基础工程	20.82	0.69	0.02
3.2	配电设备构筑物工程	39.00	1.29	0.04
4	陆上开关站工程	18.90	0.62	0.02
三	房屋建筑工程	5161.22	170.25	5.17
1	场地平整工程	3258.07	107.47	3.26
2	生产建筑工程	1544.40	50.95	1.55
3	辅助生产建筑工程	214.00	7.06	0.21
4	室外工程	144.75	4.77	0.14
四	交通工程	22.72	0.75	0.02
五	其他工程	4661.57	153.77	4.67
1	环境保护工程	973.09	32.10	0.97
2	劳动安装与工业卫生	300.00	9.90	0.30
3	安全监测工程	317.52	10.47	0.32
4	消防设施及生产供水工程	120.96	3.99	0.12
5	工程试桩费	2000.00	65.97	2.00
6	其他	950	31.34	0.95

6. 基本方案其他费用指标

其他费用指标包括项目建设用海（地）费、项目建设管理费、生产准备费、勘察设计费和其他税费等。基本方案其他费用指标如表 3-12 所示。

表 3-12　　　　　　　　　　其他费用指标

序号	工程或费用名称	单位工程造价（万元）	单位千瓦指标（元/kW）	占总投资比例（%）
	第四部分 其他费用	31 346.43	1034.02	100.00
一	项目建设用海（地）费	3928.64	129.59	12.53

续表

序号	工程或费用名称	单位工程造价（万元）	单位千瓦指标（元/kW）	占总投资比例（%）
1	海域使用金（费）	3861.14	127.37	12.32
	风机基础	226.06	7.46	0.72
	海上升压站	9.97	0.33	0.03
	海缆	508.90	16.79	1.62
	集控中心	30	0.99	0.10
	渔业补偿	2000	65.97	6.38
	海洋生态资源修复	1086	35.83	3.47
2	建设用地费	67.50	2.23	0.22
	临时用地（临时工程设施）	67.50	2.23	0.22
二	项目建设管理费	16 019.36	528.43	51.10
1	工程前期费	1407.86	46.44	4.49
2	工程建设管理费	2956.50	97.53	9.43
3	工程建设监理费	1501.71	49.54	4.79
4	项目咨询服务费	6023.57	198.70	19.22
4.1	项目基本咨询服务费	4223.57	139.32	13.47
4.2	专项专题报告编制费	1800.00	59.38	5.74
5	项目技术经济评审费	516.21	17.03	1.65
6	项目验收费	563.14	18.58	1.80
7	工程保险费	3050.36	100.62	9.73
三	生产准备费	965.78	31.86	3.08
1	生产人员培训及提前进厂费	121.60	4.01	0.39
2	管理用具购置费	60.80	2.01	0.19
3	工器具及生产家具购置费	295.49	9.75	0.94
4	备品备件购置费	344.13	11.35	1.10
5	联合试运转费	143.76	4.74	0.46
四	科研勘察设计费	9832.65	324.35	31.37
1	科研试验费	760.02	25.07	2.42
2	勘察费	4201	138.59	13.40
3	设计费	4871	160.69	15.54
五	其他	600.00	19.79	1.91
1	施工期安全维护费	600	19.79	1.91

3.3 调整模块造价指标

3.3.1 调整模块综述

在风电机组安装工程、风电机组基础工程与 35kV 集电线路等与基本方案不同时，增加相应的调整模块，供使用者在不同设计方案的情况下调整使用。

每个模块列出的明细表仅为该模块各方案间有差异的主要内容，模块造价为静态投资，含模块技术条件中所描述系统的设备、安装或建筑工程费用，不含其他费用、材料价差及基本预备费。模块各方案造价的边界一致，可以互换。若现有调整模块不能覆盖实际工程的技术条件，造价分析时可根据工程实际情况自行调整。

3.3.2 风电机组安装工程调整模块

按照海上风机安装工艺不同，海上风机机组设备安装主要可为整体安装方式和分体安装方式两种。风电机组安装工程与风电机组叶轮直径的有关，本书基本方案中风电机组安装工程是按照分体式、6.45MW 规格型号考虑的；而本部分需要考虑 4MW～5MW 级、6MW～7MW 级、8MW～10MW 级别机型在整体式和分体式情况下的调整模块。

整体安装方式，需配备大型海上起重船，目前国内最大的海上起重船吊装能力已经超过 4000t，中交一航局"津泰号"、中国海洋石油总公司"蓝疆号"、振华重工"龙源振华叁号"等大型浮式起重船，在现有设备未经改造的条件下均可以满足要求。无论在起重能力还是起吊高度，国内起重船基本都能满足风机安装要求。所需船机设备见表 3-13 整体安装主要施工船机设备。

表 3-13 整体安装主要施工船机设备

采用整体安装各种机型，船机配置相同，工时不同					
序号	设备名称	单位	数量	用途	备注
1	起重船	艘	1	风机整体安装	起重 2400t 级以上
2	半潜驳船	艘	1	风机整体运输	5000t 级及以上
3	拖轮	艘	2	拖运船只	
4	交通艇	艘	1	接送人员	
5	抛锚艇	艘	1	驳船、起重船的起抛锚	

采用整体安装各种机型，船机配置相同，工时不同					
序号	设备名称	单位	数量	用途	备注
6	补给船	艘	1	淡水及生活物资补给	
7	缓冲定位装置	套	1	风机整体吊装是软着陆	
8	工装塔筒	套	2		

　　海上分体吊装方式，是将风电机组各组件各自完成自身的预组装后，运至风场机位，在现场依次进行塔筒、机舱、轮毂与叶片组合件的安装。采用液压升降系统支腿顶升的自升式平台船是为了避免船只受涌浪的影响，达到稳定的作业工况，实现静对静吊装作业的目的，该方法受风浪、潮汐影响小，吊装定位准确，但对海床地质要求较高。所需船机设备如表3-14～表3-16所示。

表3-14　　　　分体安装4MW～5MW级机型主要施工船机设备表

4MW～5MW级						
序号	船型	单位	数量	配置设备	船舶用途	备注
1	自升平台船	艘	1		风机吊装	额定吊重700t以上，吊高100m以上
2	起重船	艘	1	400t海工吊	配合风机吊装	
3	平板驳	艘	2	4000t	风机运输	平板驳
4	拖轮	艘	3		起锚艇（拖轮）	自航
5	供给船	艘	1		淡水、油料	自航
6	交通艇	艘	1		场内交通	自航
7	多功能驳	艘	1		材料运输	自航

表3-15　　　　分体安装6MW～7MW级机型主要施工船机设备表

6MW～7MW						
序号	船型	单位	数量	配置设备	船舶用途	备注
1	自升平台船	艘	1		风机吊装	额定吊重800t以上，吊高110m以上
2	起重船	艘	1	400t海工吊	配合风机吊装	
3	平板驳	艘	2	4000t	风机运输	平板驳
4	拖轮	艘	3		起锚艇（拖轮）	自航

续表

	6MW～7MW					
序号	船型	单位	数量	配置设备	船舶用途	备注
5	供给船	艘	1		淡水、油料	自航
6	交通艇	艘	1		场内交通	自航
7	多功能驳	艘	1		材料运输	自航

表 3-16　　　分体安装 8MW～10MW 级以上机型主要施工船机设备表

	8MW～10MW					
序号	船型	单位	数量	配置设备	船舶用途	备注
1	自升平台船	艘	1		风机吊装	额定吊重 1000t 以上，吊高 120m 以上
2	起重船	艘	1	400t 海工吊	配合风机吊装	
3	平板驳	艘	2	4000t	风机运输	平板驳
4	拖轮	艘	3		起锚艇（拖轮）	自航
5	供给船	艘	1		淡水、油料	自航
6	交通艇	艘	1		场内交通	自航
7	多功能驳	艘	1		材料运输	自航

　　300MW 海上风场的风电机组安装工程调整模块（单台）概算表如表 3-17 所示。

表 3-17　　　　　风电机组安装工程调整模块（单台）概算表

序号	海域	项目名称	单位	4MW～5MW 级	6MW～7MW 级	8MW～10MW 级
1	渤海	整体式	万元/台	314.62	348.41	382.21
		分体式		325.36	359.15	392.95
2	黄海	整体式	万元/台	336.1	369.89	403.69
		分体式		346.84	380.63	414.43
3	东海	整体式	万元/台	357.58	391.37	425.17
		分体式		368.32	402.11	435.91
4	南海	整体式	万元/台	379.06	412.85	446.65
		分体式		389.8	423.59	457.39

3.3.3　风电机组基础工程调整模块

1. 风电机组基础形式简介

根据海上风电场典型设计，目前应用的海上风机基础从结构型式上主要分为单桩基础、导管架基础、高桩承台和复合筒基础。

单桩基础结构简单，受力明确，整体刚度偏小。桩身悬挑段较长，且结构刚度偏小，桩身变形较大，桩顶转角偏大。适用于浅水及中等水深且地基条件较好的海域。单桩基础施工周期短，施工受天气影响小。对于超大直径单桩就位施打必须具备大型沉桩设备，单桩对垂直度要求很高，对钢管桩的制作要求也较高。基础泥面处需做防冲刷处理，防冲刷处理质量要求较高。

导管架基础基桩呈正方形位布置，固定在海底，主要节点位于浪溅区以下。整体刚度较高，变形小，稳定性较好，结构所受海洋波浪、水流力较小。适用于各种水深，对地质条件要求不高。但由于结构采用比较多的钢结构焊接节点，对抵抗海浪等疲劳破坏方面的要求很高，对防腐的要求也比较高。主要结构构件可以在陆地制作组装，海上施工工作量相对比较少，受天气影响比较小，施工周期较短。导管架对沉桩控制和基础结构调平精度要求较高，水下灌浆连接施工质量控制也具有一定的难度。

高桩承台基础结构稳定性好，国内已有多个近海风电场均采用混凝土高桩承台基础，如东海大桥海上风电场、平海湾50MW海上风电场等项目。高桩承台基础适用于浅水及中等水深水域，采用现浇混凝土墩台施工工序，施工工艺成熟，大多数海上施工单位都有能力施工，但是施工周期长，投资相对较大。

复合筒基础实际上是筒型基础和重力式基础的组合，属于浅基础的一种。主要利用筒体结构承受环境载荷，这种宽浅式的基础结构简单，结构刚度高，经济性好。适用于浅水及中等水深，特别适用于海床为砂性土或黏土的软土海域，但对严重液化土层较为敏感。主要筒体结构在陆上基地完成基础建造，这种基础底部为吸力筒结构，吸力筒沉放于海床面后进行抽水和抽气，靠负压进行安装，海上施工工作量少，施工周期短。该类型基础需要特定的运输船，施工时对吸力桶沉放就位、调平、密封、纠偏等技术要求较高技术上还尚待时间考验。

2. 渤海海域不同基础型式参考工程量

渤海海域水深范围一般在 30～40m，冬季存在结冰现象，部分场址海上风机基础存在嵌岩情况，单台 4MW～5MW 级、单台 6MW～7MW 级、单台 8MW～10MW 级海上风电机组不同基础型式参考工程量调整模块分别如表 3-18～表 3-20 所示。

表 3-18　　　　渤海 4MW～5MW 级不同基础型式参考工程量

| 序号 | 工程量名称 | 4MW～5MW | | | |
		单位	单桩	导管架	高桩承台方案	复合筒
1	上部导管架结构（DH36）	t		469.70		
2	上部预制混凝土（C60）	m³	—		595.80	1099.14
3	下部钢筒（Q355C）	t	—			450.40
4	钢管桩	t	907.82	565.71	692.52	
5	钢筋（HRB400）	t	—		79.34	219.84
6	波纹管	m	—			1346.86
7	锚具	套				132
8	操作平台及附件（Q355C）	t	110	55	20	60.5
9	靠船及爬梯（Q355C）	t		39	35.7	40.2
10	高强灌浆	m³	—	27		16
11	高效铝合金牺牲阳极	t	6.9	6.9	12.2	
12	钢结构防腐面积	m²	3195	5646	1368.3	1650
13	硅烷浸渍（刷两遍）	m²			811.9	2200
14	砂被	m³	2146	—		—
15	砼联锁块软体排	m³	1954			
16	抛填块石	m³	—			770
17	地基液化处理	项	1			—
18	单台费用（含安装、措施、规费及税金等费用）	万元	1825.53	2208.65	2032.00	1199.74
19	单台嵌岩桩费用（含安装、措施、规费及税金等费用）	万元	2321.35	2594.47	2387.82	

表 3 - 19　　　　　　渤海 6MW～7MW 不同基础型式参考工程量

序号	工程量名称	单位	6MW～7MW			
			单桩	导管架	高桩承台方案	复合筒
1	上部导管架结构（DH36）	t		571.67		—
2	上部预制混凝土（C60）	m³	—	—	725.15	1337.77
3	下部钢筒（Q355C）	t		—		548.18
4	钢管桩	t	1104.92	688.53	842.87	—
5	钢筋（HRB400）	t			96.56	267.57
6	波纹管	m				1639.28
7	锚具	套				132
8	操作平台及附件（Q355C）	t	110	55	20	60.5
9	靠船及爬梯（Q355C）	t		39	35.7	40.2
10	高强灌浆	m³	—	27		16
11	高效铝合金牺牲阳极	t	6.9	6.9	12.2	—
12	钢结构防腐面积	m²	3195	5646	1368.3	1650
13	硅烷浸渍（刷两遍）	m²	—		811.9	2200
14	砂被	m³	2146			
15	砼联锁块软体排	m³	1954			
16	抛填块石	m³	—			770
17	地基液化处理	项	1			
18	单台费用（含安装、措施、规费及税金等费用）	万元	2022.62	2464.04	2178.00	1493.81
19	单台嵌岩桩费用（含安装、措施、规费及税金等费用）	万元	2518.44	2849.86	2533.82	

表 3 - 20　　　　　　渤海 8MW～10MW 不同基础型式参考工程量

序号	工程量名称	单位	8MW～10MW			
			单桩	导管架	高桩承台方案	复合筒
1	上部导管架结构（DH36）	t		661.9		—
2	上部预制混凝土（C60）	m³	—	—	839.6	1548.9
3	下部钢筒（Q355C）	t		—		634.7
4	钢管桩	t	1279.3	797.2	975.9	—
5	钢筋（HRB400）	t	—	—	111.8	309.8

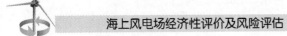

序号	工程量名称	8MW~10MW				
		单位	单桩	导管架	高桩承台方案	复合筒
6	波纹管	m	—	—	—	1898
7	锚具	套	—	—	—	132
8	操作平台及附件（Q355C）	t	110	55	20	60.5
9	靠船及爬梯（Q355C）	t	—	39	35.7	40.2
10	高强灌浆	m³	—	27	—	16
11	高效铝合金牺牲阳极	t	6.9	6.9	12.2	—
12	钢结构防腐面积	m²	3195	5646	1368.3	1650
13	硅烷浸渍（刷两遍）	m²	—	—	811.9	2200
14	砂被	m³	2146			
15	砼联锁块软体排	m³	1954			
16	抛填块石	m³				770
17	地基液化处理	项	1			—
18	单台费用（含安装、措施、规费及税金等费用）	万元	2197	2690	2351	1754
19	单台嵌岩桩费用（含安装、措施、规费及税金等费用）	万元	2692.82	3075.82	2706.82	

3. 黄海海域不同基础型式参考工程量

黄海海域水深范围一般在 0~20m，地基承载力较好，单台 4MW~5MW 级、单台 6MW~7MW 级、单台 8MW~10MW 级海上风电机组不同基础型式参考工程量调整模块分别如表 3-21~表 3-23 所示。

表 3-21　　　黄海 4MW~5MW 级不同基础型式参考工程量

序号	工程量名称	4MW~5MW				
		单位	单桩	导管架	高桩承台方案	复合筒
1	上部导管架结构（DH36）	t		375.76		—
2	上部预制混凝土（C60）	m³			476.64	879.31
3	下部钢筒（Q355C）	t				360.32
4	钢管桩	t	725.94	452.57	554.02	—
5	钢筋（HRB400）	t	—	—	63.47	175.87

续表

序号	工程量名称	4MW～5MW				
		单位	单桩	导管架	高桩承台方案	复合筒
6	波纹管	m	—	—		1077.49
7	锚具	套	—	—		132
8	操作平台及附件（Q355C）	t	110	55	20	60.5
9	靠船及爬梯（Q355C）	t	—	39	35.7	40.2
10	高强灌浆	m³	—	27		16
11	高效铝合金牺牲阳极	t	6.9	6.9	12.2	—
12	钢结构防腐面积	m²	3195	5646	1368.3	1650
13	硅烷浸渍（刷两遍）	m²	—	—	811.9	2200
14	砂被	m³	2146			
15	砼联锁块软体排	m³	1954			
16	抛填块石	m³				770
17	地基液化处理	项	1			
18	单台费用（含安装、措施、规费及税金等费用）	万元	1327.38	1639.26	1727.20	726.82

表 3 - 22　　　　黄海 6MW～7MW 级不同基础型式参考工程量

序号	工程量名称	6MW～7MW				
		单位	单桩	导管架	高桩承台方案	复合筒
1	上部导管架结构（DH36）	t		457.34		—
2	上部预制混凝土（C60）	m³		—	580.12	1070.21
3	下部钢筒（Q355C）	t		—		438.55
4	钢管桩	t	883.55	550.83	674.30	
5	钢筋（HRB400）	t	—	—	77.25	214.06
6	波纹管	m				1311.42
7	锚具	套				132
8	操作平台及附件（Q355C）	t	110	55	20	60.5
9	靠船及爬梯（Q355C）	t	—	39	35.7	40.2
10	高强灌浆	m³		27		16
11	高效铝合金牺牲阳极	t	6.9	6.9	12.2	—
12	钢结构防腐面积	m²	3195	5646	1368.3	1650

海上风电场经济性评价及风险评估

续表

序号	工程量名称	6MW～7MW				
		单位	单桩	导管架	高桩承台方案	复合筒
13	硅烷浸渍（刷两遍）	m²	—	—	811.9	2200
14	砂被	m³	2146	—	—	—
15	砼联锁块软体排	m³	1954	—	—	—
16	抛填块石	m³	—	—	—	770
17	地基液化处理	项	1	—	—	—
18	单台费用（含安装、措施、规费及税金等费用）	万元	1719.227	2132.85	1851.30	1090.34

表 3 - 23   黄海 8MW～10MW 不同基础型式参考工程量

序号	工程量名称	8MW～10MW				
		单位	单桩	导管架	高桩承台方案	复合筒
1	上部导管架结构（DH36）	t		529.52		—
2	上部预制混凝土（C60）	m³		—	671.68	1239.12
3	下部钢筒（Q355C）	t				507.76
4	钢管桩	t	1023	637.76	780.72	
5	钢筋（HRB400）	t			89.44	247.84
6	波纹管	m				1518.4
7	锚具	套				132
8	操作平台及附件（Q355C）	t	110	55	20	60.5
9	靠船及爬梯（Q355C）	t		39	35.7	40.2
10	高强灌浆	m³		27		16
11	高效铝合金牺牲阳极	t	6.9	6.9	12.2	—
12	钢结构防腐面积	m²	3195	5646	1368.3	1650
13	硅烷浸渍（刷两遍）	m²	—	—	811.9	2200
14	砂被	m³	2146	—	—	—
15	砼联锁块软体排	m³	1954	—	—	—
16	抛填块石	m³	—	—	—	770
17	地基液化处理	项	1	—	—	—
18	单台费用（含安装、措施、规费及税金等费用）	万元	1867.45	2286.5	1998.35	1490.9

4. 东海海域不同基础型式参考工程量

东海海域水深情况变化较大，一般从 10～50m 范围均有风电场，待建海上项目主要水深主要分布在 35～50m 范围，部分场址海上风机基础存在嵌岩情况。单台 4MW～5MW 级、单台 6MW～7MW 级、单台 8MW～10MW 级海上风电机组不同基础型式参考工程量调整模块分别如表 3 - 24～表 3 - 26 所示。

表 3 - 24　　　　　东海 4MW～5MW 级不同基础型式参考工程量

序号	工程量名称	4MW～5MW				
		单位	单桩	导管架	高桩承台方案	复合筒
1	上部导管架结构（DH36）	t		610.61		
2	上部预制混凝土（C60）	m³	—		774.54	1428.88
3	下部钢筒（Q355C）	t				585.52
4	钢管桩	t	1180.17	735.43	1006.90	—
5	钢筋（HRB400）	t	—		103.14	285.79
6	波纹管	m	—			1750.92
7	锚具	套				132
8	操作平台及附件（Q355C）	t	110	55	20	60.5
9	靠船及爬梯（Q355C）	t	—	39	35.7	40.2
10	高强灌浆	m³	—	27		16
11	高效铝合金牺牲阳极	t	6.9	6.9	12.2	—
12	钢结构防腐面积	m²	3195	5646	1368.3	1650
13	硅烷浸渍（刷两遍）	m²			811.9	2200
14	砂被	m³	2146	—	—	—
15	砼联锁块软体排	m³	1954			
16	抛填块石	m³				770
17	地基液化处理	项	1	—		—
18	单台费用（含安装、措施、规费及税金等等费用）	万元	2097.87	2546.17	2396.18	1569.93
19	单台嵌岩桩费用（含安装、措施、规费及税金等费用）	万元	2793.69	3131.99	2952.00	

表 3-25　　　　　东海 6MW～7MW 级不同基础型式参考工程量

序号	工程量名称	6MW～7MW				
		单位	单桩	导管架	高桩承台方案	复合筒
1	上部导管架结构（DH36）	t		743.18		—
2	上部预制混凝土（C60）	m³		—	942.70	1739.10
3	下部钢筒（Q355C）	t		—		712.64
4	钢管桩	t	1436.39	895.09	1225.51	—
5	钢筋（HRB400）	t	—		125.53	347.84
6	波纹管	m				2131.06
7	锚具	套	—			132
8	操作平台及附件（Q355C）	t	110	55	20	60.5
9	靠船及爬梯（Q355C）	t		39	35.7	40.2
10	高强灌浆	m³	—	27		16
11	高效铝合金牺牲阳极	t	6.9	6.9	12.2	
12	钢结构防腐面积	m²	3195	5646	1368.3	1650
13	硅烷浸渍（刷两遍）	m²	—		811.9	2200
14	砂被	m³	2146			
15	砼联锁块软体排	m³	1954			
16	抛填块石	m³				770
17	地基液化处理	项	1			
18	单台费用（含安装、措施、规费及税金等费用）	万元	2354.09	2874.84	2621.25	1810.58
19	单台嵌岩桩费用（含安装、措施、规费及税金等费用）	万元	3049.91	3460.66	3177.07	

表 3-26　　　　　东海 8MW～10MW 不同基础型式参考工程量

序号	工程量名称	8MW～10MW				
		单位	单桩	导管架	高桩承台方案	复合筒
1	上部导管架结构（DH36）	t		860.47		—
2	上部预制混凝土（C60）	m³		—	1091.48	2013.57
3	下部钢筒（Q355C）	t		—		825.11
4	钢管桩	t	1663.09	1036.36	1418.924	—
5	钢筋（HRB400）	t	—		145.34	402.74

序号	工程量名称	8MW～10MW				
		单位	单桩	导管架	高桩承台方案	复合筒
6	波纹管	m	—	—		2467.4
7	锚具	套	—	—		132
8	操作平台及附件（Q355C）	t	110	55	20	60.5
9	靠船及爬梯（Q355C）	t	—	39	35.7	40.2
10	高强灌浆	m³		27		16
11	高效铝合金牺牲阳极	t	6.9	6.9	12.2	—
12	钢结构防腐面积	m²	3195	5646	1368.3	1650
13	硅烷浸渍（刷两遍）	m²	—		811.9	2200
14	砂被	m³	2146	—		—
15	砼联锁块软体排	m³	1954			
16	抛填块石	m³	—	—		770
17	地基液化处理	项	1			
18	单台费用（含安装、措施、规费及税金等费用）	万元	2580.79	3165.63	2864.21	2120.76
19	单台嵌岩桩费用（含安装、措施、规费及税金等费用）	万元	3276.61	3751.45	3420.03	

5.南海海域不同基础型式参考工程量

南海海域水深范围一般在 25～50m，地基承载力较好。单台 4MW～5MW 级、单台 6MW～7MW 级、单台 8MW～10MW 级海上风电机组不同基础型式参考工程量调整模块分别如表 3-27～表 3-29 所示。

表 3-27　　南海 4MW～5MW 级不同基础型式参考工程量

序号	工程量名称	4MW～5MW				
		单位	单桩	导管架	高桩承台方案	复合筒
1	上部导管架结构（DH36）	t		657.58		
2	上部预制混凝土（C60）	m³	—		834.12	1538.79
3	下部钢筒（Q355C）	t				630.56
4	钢管桩	t	1270.95	792.00	969.53	—
5	钢筋（HRB400）	t	—	—	111.07	307.78

续表

序号	工程量名称	单位	4MW～5MW			
			单桩	导管架	高桩承台方案	复合筒
6	波纹管	m	—	—		1885.61
7	锚具	套	—	—		132
8	操作平台及附件（Q355C）	t	110	55	20	60.5
9	靠船及爬梯（Q355C）	t	—	39	35.7	40.2
10	高强灌浆	m³		27		16
11	高效铝合金牺牲阳极	t	6.9	6.9	12.2	—
12	钢结构防腐面积	m²	3195	5646	1368.3	1650
13	硅烷浸渍（刷两遍）	m²	—		811.9	2200
14	砂被	m³	2146			—
15	砼联锁块软体排	m³	1954			
16	抛填块石	m³				770
17	地基液化处理	项	1			—
18	单台费用（含安装、措施、规费及税金等费用）	万元	2188.65	2658.68	2382.52	1656.68

表 3-28   南海 6MW～7MW 级不同基础型式参考工程量

序号	工程量名称	单位	6MW～7MW			
			单桩	导管架	高桩承台方案	复合筒
1	上部导管架结构（DH36）	t		800.34		—
2	上部预制混凝土（C60）	m³			1015.21	1872.87
3	下部钢筒（Q355C）	t				767.46
4	钢管桩	t	1546.88	963.94	1180.02	
5	钢筋（HRB400）	t			135.18	374.60
6	波纹管	m				2294.99
7	锚具	套				132
8	操作平台及附件（Q355C）	t	110	55	20	60.5
9	靠船及爬梯（Q355C）	t		39	35.7	40.2
10	高强灌浆	m³		27		16
11	高效铝合金牺牲阳极	t	6.9	6.9	12.2	—
12	钢结构防腐面积	m²	3195	5646	1368.3	1650

序号	工程量名称	6MW～7MW				
		单位	单桩	导管架	高桩承台方案	复合筒
13	硅烷浸渍（刷两遍）	m²	—	—	811.9	2200
14	砂被	m³	2146	—	—	—
15	砼联锁块软体排	m³	1954	—	—	—
16	抛填块石	m³	—	—	—	770
17	地基液化处理	项	1	—	—	—
18	单台费用（含安装、措施、规费及税金等费用）	万元	2464.59	3011.77	2604.62	1916.17

表 3 - 29　　南海 8MW～10MW 不同基础型式参考工程量

序号	工程量名称	8MW～10MW				
		单位	单桩	导管架	高桩承台方案	复合筒
1	上部导管架结构（DH36）	t		926.66		
2	上部预制混凝土（C60）	m³	—		1175.44	2168.46
3	下部钢筒（Q355C）	t				888.58
4	钢管桩	t	1791.02	1116.08	1366.26	—
5	钢筋（HRB400）	t			156.52	433.72
6	波纹管	m				2657.2
7	锚具	套				132
8	操作平台及附件（Q355C）	t	110	55	20	60.5
9	靠船及爬梯（Q355C）	t		39	35.7	40.2
10	高强灌浆	m³	—	27		16
11	高效铝合金牺牲阳极	t	6.9	6.9	12.2	—
12	钢结构防腐面积	m²	3195	5646	1505.13	2310
13	硅烷浸渍（刷两遍）	m²	—	—	893.09	3080
14	砂被	m³	2146	—	—	—
15	砼联锁块软体排	m³	1954	—	—	—
16	抛填块石	m³	—	—	—	770
17	地基液化处理	项	1	—	—	—
18	单台费用（含安装、措施、规费及税金等费用）	万元	2708.72	3324.18	2844.95	2243.01

3.3.4 35kV 集电线路工程调整模块

整个风电场采用 4MW 级、5MW 级与 6MW 级不同的整机方案，35kV 集电线路工程有所差异。不同方案的参考工程量如表 3-30 所示。

表 3-30   不同方案的参考工程量

序号	设备型号	4MW 级	5MW 级	6MW 级
		数量	数量	数量
1	HYJQ41-3×70 26/35kV+SM24C	31.70	25.36	22.30
2	HYJQ41-3×120 26/35kV+SM24C	8.40	6.72	
3	HYJQ41-3×150 26/35kV+SM24C			7.20
4	HYJQ41-3×185 26/35kV+SM24C	34.60	16.72	
5	HYJQ41-3×240 26/35kV+SM24C	20.90		3.90
6	HYJQ41-3×300 26/35kV+SM24C	29.70	58.40	
7	HYJQ41-3×400 26/35kV+SM24C			62.60
8	电缆终端	150.00	120.00	100.00
9	弯曲限制器	150.00	120.00	100.00
10	锚固装置	150.00	120.00	100.00

经计算，35kV 不同型号海缆单位造价指标为 120 万～260 万元/km，其中该指标包含 35kV 集电海缆敷设和 35kV 集电海缆线路材料及安装成本。

3.3.5 工程建设用海（用地）

海上风电场工程用海包括：风力发电机用海、海底电缆用海、220kV 海上升压站用海三部分。根据《海籍调查规范》规定："发电设施的征地界线为发电设施外缘线外扩 50m 形成的边线，海底电缆采用两侧各外扩 10m 形成的边线来计算"。风机基础用海与海上升压站用海按 1.84 万元/公顷×年计列，海底电缆用海按 0.70 万元/公顷×年计列。工程用海面积如表 3-31 所示。

表 3-31   工程用海面积

序号	类别	单台工程用海面积（hm^2）
1	风电机组基础	1.52
2	海底电缆	5.04
3	220kV 海上升压站	2.05

　　海上风电场工程占地含工程永久占地及施工临时用地两部分，具体费用根据实际情况确定。工程用地面积如表 3-32 所示。

表 3-32　　　　　　　　　　工程用地面积

序号	类别	占地面积 （hm²）
1	陆上集控中心	1.725
2	电缆沟及进站道路	0.24
3	海缆登陆点	0.3

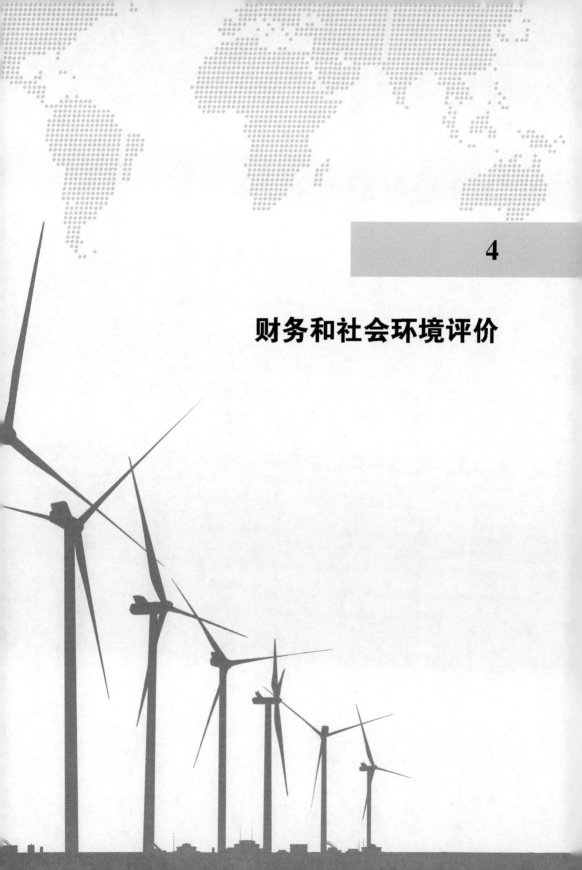

4

财务和社会环境评价

　　财务和社会环境评价主要包括财务评价和社会环境评价两个部分，分别评价项目的财务可行性以及社会和环境可行性。

　　财务评价，是参考国家现行财税制度和市场价格体系，在建设、融资等方案假设给定的前提下，预测项目的财务效益与费用，编制财务报表，计算财务评价指标，考察拟建项目的盈利能力、偿债能力等财务状况，以判断项目的财务可行性，明确项目为财务主体带来的价值及为投资者带来的贡献，进而为项目投融资决策及银行审贷提供科学依据。

　　社会环境评价，是针对项目对当地社会、环境的影响和当地社会、环境条件对项目的适应性和可接受程度的评价，评价项目的社会和环境可行性。通过分析项目涉及的各类社会、环境因素，提出项目与当地社会、环境的和谐发展建议，规避潜在的社会、环境风险，以维持社会稳定、环境和谐，促进项目顺利实施。社会环境效果评价适用于社会、环境因素较为复杂，影响较为久远，效益较为显著，矛盾较为突出和风险较大的项目。

4.1　项目成本、收入与利润

　　海上风电项目的成本主要由项目总投资、总成本费用和税收等各项支出构成，项目收入主要由生产经营电能产品的销售收入和补贴收入构成。除此之外，项目得到的其他补贴、寿命期末回收的固定资产余值等，在财务评价时也视作收入处理。

4.1.1　项目成本

1. 项目总投资

（1）释义。从投资目的角度来说，项目总投资是指投资者当期投入一定数额的资金而期望在未来获得回报，所得回报应该能补偿投资资金被占用的时间、预期的通货膨胀率和未来收益的不确定性。从投资内容的角度来说，项目总投资是指项目从前期准备到建设施工，再到建成投产所发生的全部投资，主要包括初始阶段的建设投资和生产经营阶段的流动资金。

　　1）建设投资是指技术方案按拟定规模、方案、内容来建设所需投入的资金。建设投资（动态）构成如图 4-1 所示。其中，静态投资是以某基准年月的建设要素价格为依据，计算出建设项目投资的时点值，由建筑工程费、设备

67

及工器具购置费、安装工程费、工程建设其他费用、基本预备费构成；动态投资是指在项目建设周期内，考虑建设期利息和国家新批准的税费、汇率、利率变动以及建设期价格变动引起的投资增加额，由静态投资、涨价预备费、建设期利息组成。静态投资和动态投资的内容虽有所区别，但联系密切。动态投资包含静态投资，静态投资是动态投资最主要的组成部分，也是动态投资计算的基础。

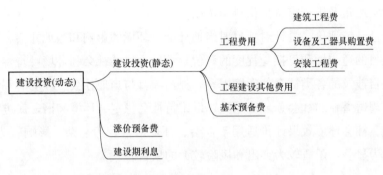

图 4-1　建设投资（动态）构成

2）流动资金，又称"营运资金""周转资金"，是流动资产的表现形式，即企业可以在一年内或者一年以上的一个生产周期内变现或者耗用的资产合计。广义的流动资金指企业全部的流动资产，包括现金、存货（材料、在制品及成品）、应收账款、有价证券、预付款等项目。狭义的流动资金，即净流动资金，为流动资产和流动负债的差值，代表企业的流动地位。净流动资金越多，表示净流动资产越多，故而短期偿债能力较强，信用较好，筹资较容易，成本也较低。

（2）海上风电项目财务评价中常用项目总投资估算法及取值。

海上风电项目的总投资是在海上风电项目建设期（含试运行期）发生的建设投资、建设期利息和流动资金。项目通过建设投资，包括风电场投资、预备费用和专用配套输变电工程投资等，最终形成了相应的海上风电场固定资产，所以建设投资也即固定资产投资；流动资金则在项目投产前预先垫付，直到项目寿命结束时，全部流动资金才能退出生产与流通，以货币形式被回收。

海上风电项目的工程总投资包括风电场固定资产投资（施工辅助工程费用、设备及安装工程费用、建筑工程费用、其他费用）、基本预备费、价差预备费、建设期利息、流动资金，如图 4-2 所示，其中暗框部分为项目静态总投资。

设备及安装工程项目包括发电场设备及安装工程；升压变电站设备及安装工程；登陆海底电缆工程；控制保护设备及安装工程；其他设备及安装工程。

建筑工程项目包括发电场工程；升压变电站工程；房屋建筑工程；交通工程；其他工程。

施工辅助工程项目包括施工交通

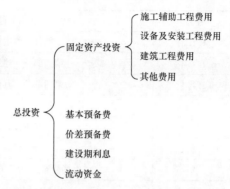

图 4-2 海上风电项目工程总投资构成

工程；大型船舶（机械）进出场费；风电设备组（安）装场工程；施工围堰工程；施工供电工程；施工供水工程；特殊专用工器具；其他施工辅助工程。

其他费用包括项目建设用海（地）费；项目建设管理费；生产准备费；科研勘察设计费；其他税费。

根据《海上风电场工程设计概算编制规定及费用》（NB/T 31009—2011），海上风电项目相较陆上风电项目的工程费用新增多个一级项目，例如在施工辅助工程费用下新增大型船舶（机械）进出场费、风电设备组（安）装场工程、特殊专用工器具，在设备及安装工程费用下新增登陆海底电缆工程费。除此之外，多项增加的费用体现在二级项目和三级项目下，海上风电项目的计费标准和定额也会相对提高。

某 200MW 海上风电项目固定资产投资估算如表 4-1 所示。该项目接入原有的 220kV 陆上升压站，因此并不需要进行专用配套的输变电工程投资。此处基本预备费率按机电设备及安装工程、施工辅助工程、建筑工程、其他费用总和，即表 4-1 中一～四部分合计的 3% 计算，暂不计算价差预备费。

表 4-1　　　　　　某 200MW 海上风电项目固定资产投资估算　　　　　（万元）

序号	费用名称	估算价值
1	风电场固定资产投资（1.1+1.2）	300 657
1.1	一～四部分合计（1.1.1+1.1.2+1.1.3+1.1.4）	291 900
1.1.1	第一部分　机电设备及安装工程	193 045

海上风电场经济性评价及风险评估

续表

序号	费用名称	估算价值
1.1.2	第二部分　施工辅助工程	15 118
1.1.3	第三部分　建筑工程	68 230
1.1.4	第四部分　其他费用	15 507
1.2	预备费用	8757
1.2.1	基本预备费	8757
1.2.2	价差预备费	0
2	风电场静态总投资（1.1+1.2.1）	300 657
3	专用配套输变电工程投资	0
4	项目静态总投资	300 657

该项目的投资计划与资金筹措情况如表 4 - 2 所示，显示了在建设期各年度分类投资使用额及资金来源。通过银行借款和资本金进行资金筹措，银行借款由长期借款和流动资金借款两部分构成。注意一般大型国有企业的银行长期贷款利率水平在 4.5%～5.5%，还款年限为 15～20 年，私有企业的融资/贷款综合成本利率水平在 7%～8%。计算利息时如无特殊说明，一般考虑资金是在建设期均衡投入的。

表 4 - 2　　　某 200MW 海上风电项目投资计划与资金筹措情况　　　（万元）

序号	项目	合计	建设期		运营期
			第 1 年	第 2 年	第 3 年
1	总投资	315 961	214 239	101 722	0
1.1	固定资产投资	300 657	209 438	91 219	0
1.1.1	风电场	300 657	209 438	91 219	0
1.1.2	专用配套输变电工程投资	0	0	0	0
1.2	建设期（含初期运行期）利息	14 304	4105	10 199	0
1.2.1	风电场利息	14 304	4105	10 199	0
1.2.2	专用配套输变电工程投资利息	0	0	0	0
1.3	流动资金	1000	696	303	0
2	资金筹措	315 961	214 239	101 722	0
2.1	资本金	60 131	41 888	18 244	0
2.1.1	用于流动资金	0	0	0	0

70

序号	项目	合计	建设期		运营期
			第1年	第2年	第3年
2.1.2	用于固定资产投资	60 131	41 888	18 244	0
2.2	银行借款	255 830	172 352	83 478	0
2.2.1	长期借款	254 830	171 655	83 175	0
	其中：本金	240 526	167 550	72 976	0
	其中：利息	14 304	4105	10 199	0
2.2.2	流动资金借款	1000	696	303	0

注：表中计算结果仅显示整数。

2. 总成本费用

总成本费用，指在经营期内，为生产或销售产品服务所发生的全部成本和费用，等于经营成本与折旧费、摊销费和财务费用之和，反映企业在生产经营过程中所发生的物质资料和劳动力消耗。

考虑到财务分析通常先进行融资前分析，故将总成本费用估算放到最后一步进行，在此之前先完成建设投资、流动资金等列项的估算。

(1) 总成本费用的确定方法及释义。

1) 生产成本加期间费用法。按生产成本加期间费用法确定总成本费用时，总成本费用由生产成本和期间费用构成，如图4-3所示。其中，生产成本包括直接费用和制造费用，期间费用包括管理费用、财务费用和销售费用。总成本费用为

$$总成本费用=生产成本+期间费用$$

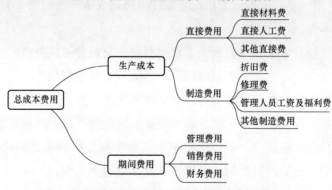

图4-3　总成本费用构成（生产成本加期间费用法）

71

生产成本为

$$生产成本=直接费用+制造费用$$

$$直接费用=直接材料费+直接人工费+其他直接费$$

$$制造费用=折旧费+修理费+管理人员工资及福利费+其他制造费用$$

期间费用为

$$期间费用=管理费用+财务费用+销售费用$$

2）生产要素法。如图4-4所示，按生产要素法，通常将总成本费用分为：外购原材料（包括主要材料、辅助材料、半成品、包装费、修理用备件和低值易耗品等）、外购燃料及动力、工资及福利费、修理费、其他费用、折旧费、摊销费、利息支出，总成本费用为

$$总成本费用=外购原材料+外购燃料及动力+工资及福利费+$$

$$修理费+其他费用+折旧费+摊销费+利息支出$$

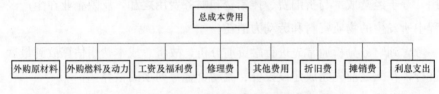

图4-4　总成本费用构成（生产要素法）

（2）海上风电项目财务评价中总成本费用计算公式及示例。

1）总成本费用计算公式。

在海上风电项目中，总成本费用泛指在项目建设期和运营期发生的各种耗费。总成本费用为：

总成本费用=经营成本+专用配套输变电经营成本+折旧费+利息支出

经营成本为：

$$经营成本=维修费+工资福利费+材料费+保险费$$

$$+海域使用费+拆除费+其他费用$$

维修费指为保持海上风电场的正常运转和使用，充分发挥使用效能，对其进行必要维修所发生的费用。项目需要维护的固定资产包括风电机组设备、升压平台设备及海底电缆等。在风电机组安装期按照装机容量比例计算维修费。根据在项目中所占的投资比例，合理地选取维修费率，则：

$$维修费=固定资产价值\times维修费率$$

固定资产价值＝设备及安装工程费用＋施工辅助工程费用＋建筑工程费用

＋其他费用＝总投资－建设期利息－预备费用

＝项目静态总投资－预备费

职工工资及福利费为：

职工工资福利费＝编制定员×职工年平均工资×（1＋B）

职工福利费项包括福利费、住房公积金、劳保统筹费、教育经费、工会经费、补充养老费、医疗保险费、工伤保险费等，B 为福利费比例。

材料费与装机容量成正比：

材料费＝风电场装机容量×材料费定额

保险费为：

保险费＝固定资产价值×保险费率

建设期保险费按项目安装比例已经纳入概算，从项目运营期（正式投产）开始计算额定容量的保险费。

海上风电项目风电场区域属海洋部门管辖，因此征地费用为海域使用费，风电机组基础及场内海底电缆所产生的海域使用费按年征收。

其他费用与装机容量成正比为：

其他费用＝风电场装机容量×其他费用定额

折旧费为：

折旧费＝（固定资产价值－回收固定资产余值）×综合折旧率

2）总成本费用计算示例。

表 4-3 为某 200MW 海上风电项目总成本费用估算。按成本构成分项估算各年预测值，并计算各年成本费用总额。表中列出各年折旧费和利息支出额，以便于计算经营成本。

表 4-3　　　　　　某 200MW 海上风电项目总成本费用估算　　　　（万元）

序号	项目	合计	建设期		经营期			
			第 1 年	第 2 年	第 3 年	…	第 11 年	第 12 年	…
	装机容量（MW）	—	0	60	200	…	200	200	…
	年上网电量（万 kWh）	—	0	15 464	51 547	…	51 547	51 547	…
1	风电场发电经营成本	221 556	0	1139	5197	…	8116	8116	…
1.1	维修费	127 414	0	438	1460	…	4379	4379	…

序号	项目	合计	建设期		经营期			
			第1年	第2年	第3年	…	第11年	第12年	…
1.2	工资及福利费	14 434	0	171	571	…	571	571	…
1.3	材料费	25 084	0	90	1000	…	1000	1000	…
1.4	保险费	29 540	0	350	1168	…	1168	1168	…
1.5	其他费用	25 084	0	90	1000	…	1000	1000	…
1.6	拆除费用	0	0	0	0	…	0	0	…
1.7	海域使用费	0	0	0	0	…	0	0	…
2	专用配套输变电经营成本	0	0	0	0	…	0	0	…
3	折旧费	291 900	0	4248	14 157	…	14 157	14 157	…
3.1	风电场	291 900	0	4248	14 157	…	14 157	14 157	…
3.2	送出工程	0	0	0	0	…	0	0	…
4	利息支出	102 716	0	3086	12 374	…	5795	4972	…
4.1	还款利息支出	101 754	0	3060	12 337	…	5757	4935	…
4.2	流动资金利息支出	962		26	37	…	37	37	…
5	总成本费用	607 415	0	8472	31 728	…	28 068	27 245	…

目前国内海上风电暂处于初期发展阶段，项目生产运营期一般参照国内首个海上风电项目（上海东海大桥 100MW 海上风电项目）取 25 年，加上建设期 2 年，项目计算期 27 年。表 4-3 是某 200MW 海上风电项目总成本费用估算，此处仅列出部分数据以供分析说明。该项目静态总投资 300 657 万元，回收固定资产余值 8757 万元，固定资产价值为 300 657－8757＝291 900（万元）。

以第 12 年为例，各项费用计算如下。

总经营成本。

（a）维修费率取 1.5%，维修费为：

$$291\ 900 \times 1.5\% = 4378.5（万元）$$

（b）项目编制定员暂按 35 人计算，职工年平均工资取 10 万元，福利费比例 B 估计为职工工资的 63%，工资福利费为：

$$35 \times 10 \times (1 + 63\%) = 570.5（万元）$$

（c）材料费率取 50 元/kW 进行计算，材料费为：

$$200 \times 1000 \times 50 = 1000（万元）$$

（d）保险费率取 0.4%，保险费为：

$$291\ 900 \times 0.4\% = 1167.5（万元）$$

（e）建设期已经支付永久征海费用，故海域使用费为 0，如果不是在建设期一次付清用海费用，需要在经济评估中按年支付计取。

（f）拆除费一般取费为固定资产投资的 2%，本项目因可行性研究特殊性未取拆除费，故为 0（即不考虑拆除）。本项目未考虑专用配套输变电经营成本。

（g）其他费用定额取 50 元/kW 进行计算，其他费用为：

$$200 \times 1000 \times 50 = 1000（万元）$$

总经营成本为：

$$4738.5 + 570.5 + 1000 + 1167.6 + 1000 = 8116.6（万元）$$

折旧费。

回收固定资产余值 8757 万元，综合折旧率取 4.85%，折旧费为：

$$291\ 900 \times 4.85\% \approx 14\ 157（万元）$$

利息支出。

已知当年利息支出 4972 万元。

总成本费用为：

$$8116 + 14\ 157 + 4972 = 27\ 245（万元）$$

海上风电项目在进入运营期后，除去利息支出外，各年发生的成本费用较为均匀，不会像火力发电厂那样受到燃料价格波动的影响。

3. 税收

（1）税收释义。税收指国家为了向社会提供公共产品，按照法律规定，对个人或组织无偿征收实物或货币的总称，是国家参与国民收入分配和再分配的一种规范形式，是国家公共财政的最主要收入形式和收入来源。税收具有强制性、无偿性和固定性的特点。在工程项目财务评价中，税金是一种现金流出。

（2）分类。按课税对象不同分类，我国税收种类主要有流转税、所得税、财产税、资源税、行为税和特别目的税，如表 4-4 所示。

表 4-4　　　　　　　　我国税收种类、课税对象和主要构成

税种	课税对象	主要构成
流转税	纳税人在商品生产流通环节产生的流转额和非生产流转额	增值税、消费税、关税等
所得税	法人的生产经营所得和个人收入所得	企业所得税、个人所得税
财产税	纳税人拥有及转移的财产（如房屋、土地、物资、有价证券等）的价值或增值额	房产税、契税、车船税等
资源税	被开发或占用的应税自然资源	资源税、耕地占用税等
行为税	纳税人的某些特定行为	印花税、交易税、屠宰税等
特别目的税	特定行为	固定资产投资方向调节税、城市维护建设税、社会保险税等

（3）海上风电项目财务评价中常见税收类型及取值。海上风电项目常见税收类型包括增值税、所得税、城市维护建设税、教育费附加以及地方教育附加。

1）增值税是以商品（含应税劳务）生产、流转过程中产生的增值额为对象所课征的一种流转税，属价外税，即由消费者负担，在有增值的情况征税，无增值的情况不征税。因此，从企业角度进行投资项目现金流量分析时可不考虑增值税，但在进行项目财务分析时，如果采用含增值税价格计算销售收入和外购原材料、燃料动力成本，则利润和利润分配表以及现金流量表中应单列增值税科目。

当前增值税的适用税率分13％、9％、6％和0％4档，其中销售货物或者提供加工、修理修配劳务以及进口货物，适用13％税率；提供交通运输业服务，适用9％税率；提供现代服务业服务（有形动产租赁服务除外），适用6％税率；出口货物等特殊业务，适用0％税率。

一般纳税人销售货物或者提供应税劳务，其应纳税额应为当期销项税额抵扣当期进项税额后的余额，应纳税额为：

$$应纳税额＝当期销项税额－当期进项税额$$

式中，销项税额是指增值税纳税人销售货物或者应税劳务，按照销售额和适用的增值税税率计算，并向购买方收取的增值税税额，销项税额为：

$$销项税额＝销售额×税率$$

式中，销售额为增值税纳税人因销售货物或者应税劳务而向购买方收取的全部价款和价外费用，但不包括收取的销项税额，即：

$$销售额＝含税销售额÷（1＋税率）$$

进项税额为纳税人购进货物或接受应税劳务所支付或负担的增值税税额，即：

$$进项税额＝（外购原料、燃料、动力）×税率$$

当当期销项税额小于当期进项税额，不足以抵扣时，不足部分可以结转至下期继续抵扣。

在海上风电项目财务评价中，根据《财政部国家税务总局关于风力发电增值税政策的通知》（财税〔2015〕74号）规定，自2015年7月1日起，对纳税人销售自产的利用风力生产的电力产品，实行增值税即征即退50％的政策。其中增值税缴税基数为项目售电收入，即上网电量×上网电价。同时，根据增值税转型相关政策规定，允许企业购进机器设备等固定资产的进项税金可以在销项税金中抵扣。

海上风电的特点是项目总投资（初始投资）非常高昂，后期运维成本相对较低。若建设阶段投资的设备进项税额抵扣完，运维阶段每年采购的日常耗材、维修材料、备品备件等形成的进项税额占比会很低，这一特点将导致海上风电开发商后期承担高额的增值税税负。为了提高海上风电行业的投资积极性，我国财政部和国家税务总局联合颁布了《关于风力发电增值税政策的通知》（财税〔2015〕74号），文中规定"为鼓励利用风力发电，促进相关产业健康发展，现将风力发电增值税政策通知如下：自2015年7月1日起，对纳税人销售自产的利用风力生产的电力产品，实行增值税即征即退50％的政策。请遵照执行。"其中，"即征即退50％"指税务机关将应征的增值税征收入库后，即时退还50％的比例。

2）企业所得税是对我国境内的企业和其他取得收入组织的生产经营所得和其他所得征收的税种。企业应纳税额按应纳税所得额乘以适用税率计算，即：

$$应纳企业所得税额＝应纳税所得额×适用税率$$

式中，企业所得税的适用税率目前除国家另有规定外，一般取25％；应纳税所得额指企业每一纳税年度的收入总额减除不征税收入、免税收入、各项扣除以及允许弥补的以前年度亏损后的余额，应纳税所得额为：

应纳税所得额＝收入总额－不征税收入－免税收入－各项扣除－以前年度亏损

式中，收入总额是指企业当期发生的，以货币形式和非货币形式从各种来源取得的收入，包括会计核算中的主营业务收入和其他业务收入，如销售货物收入、提供劳务收入、转让财产收入、股息红利、利息收入、租金收入等。不征税收入是指从根源和性质上不属于企业营利性活动带来的经济利益、不负有纳税义务并不作为应纳税所得额组成部分的收入，如财政预算拨款、依法收取并纳入财政管理的行政事业性收费、政府性基金以及国务院规定的其他不征税收入。免税收入是指属于企业的应税所得，但按照税法规定免予征收企业所得税的收入，是纳税人应税收入的重要组成部分，只是国家为了实现某些经济和社会目标，在特定时期或对特定项目取得的经济利益给予的税收优惠照顾，而在一定时期又有可能恢复征税的收入范围，如国债利息收入、符合条件的居民企业之间的股息红利、符合条件的非营利公益组织收入等。各项扣除是指企业实际发生的与取得收入有关的合理支出，包括成本、费用、税金、损失和其他支出。此外，企业发生的公益性捐赠支出，在年度利润总额 12% 以内的部分，也准予在计算应纳税所得额时扣除；超过年度利润总额 12% 的部分，准予结转以后三年内在计算应纳税所得额时扣除。

在海上风电项目财务评价中，其应纳税所得额为发电利润扣除免税补贴收入后的余额。《企业所得税法实施条例》（国务院令第 512 号）第八十七条规定，企业所得税法第二十七条第（二）项所称国家重点扶持的公共基础设施项目，是指《公共基础设施项目企业所得税优惠目录》规定的港口码头、机场、铁路、公路、城市公共交通、电力、水利等项目。企业从事前款规定的国家重点扶持的公共基础设施项目的投资经营的所得，自项目取得第一笔生产经营收入所属纳税年度起，实行"三免三减半"政策，即第一年至第三年免征企业所得税，第四年至第六年减半征收企业所得税。风力发电新建项目属于国家重点扶持的公共基础设施项目，因此其投资经营的所得，自项目取得第一笔生产经营收入所属纳税年度起，第一至第三年免征企业所得税（0%），第四至第六年减半征收企业所得税（12.5%），6 年后所得税按照 25% 征收。

3）2016 年 3 月 24 日，财政部、国家税务总局向社会公布了《营业税改征增值税试点实施办法》。经国务院批准，自 2016 年 5 月 1 日起，在全国范围内全面推开营改增试点，建筑业、房地产业、金融业、生活服务业等全部营业税纳税人纳入试点范围，由缴纳营业税改为缴纳增值税。全面试行营业税改征增值税后，"营业税金及附加"调整为"税金及附加"，具体包括企业经营活动发生的消费税、土地增值税、资源税、城市维护建设税、教育费附加等相关税费，详见表 4-5。

表 4-5 税金及附加

税种	计税依据	计税方法
消费税	消费品的流转额	从量计征、从价计征和从价从量复合计征
土地增值税	转让所取得的收入包括货币收入、实物收入和其他收入减去法定扣除项目金额后的增值额	按照四级超率累进税率进行征收。值额未超过扣除项目金额 50% 的部分，税率为 30%；超过扣除项目金额 50%、未超过扣除项目金额 100% 的部分，税率为 40%；超过扣除项目金额 100%、未超过扣除项目金额 200% 部分，税率为 50%；超过扣除项目金额 200% 的部分，税率为 60%
资源税	被开发或占用的应税自然资源	从价计征和从量计征
城市维护建设税	纳税人实际缴纳的增值税和消费税的税额	按纳税人所在地区实行差别税率。若项目所在地为市区，税率为 7%；若项目所在地为县城和镇，税率为 5%；若项目所在地为乡村或不在市区、现成、建制镇的矿区，税率为 1%
教育费附加	纳税人实际缴纳的增值税和消费税的税额	税率 3%

在海上风电项目财务评价中，税金及附加主要包括城市维护建设税和教育费附加，以纳税人实际缴纳的增值税和消费税的税额为计税依据。自 2010 年 12 月 1 日起，统一内外资企业和个人城市维护建设税和教育费附加制度，城市维护建设税根据纳税人所在地为市区、县城（镇）和其他地区，分别按照 7%、5%、1% 3 挡税率征收，教育费附加目前统一按 3% 的比率征收。

①城市维护建设税。城市维护建设税是以纳税人实际缴纳的增值税和消费税的税额为计税依据，随同增值税、消费税附征，并专项用于城市维护建设的一种附加税。税款专款专用，有受益税性质。其应纳税额为：

应纳税额＝（增值税＋消费税）的实际纳税额×适用税率

城市维护建设税按纳税人所在地区实行差别税率，详见表 4-6。

表 4 - 6 城市维护建设税税率

项目所在地	税率（%）
市区	7
县城和镇	5
村或不在市区、县城、建制镇的矿区	1

国家同时规定，对出口产品退还增值税、消费税的，不退还已缴纳的城市维护建设税；海关对进口产品代征的增值税、消费税，不征收城市维护建设税；对"二税"实行先征后返、先征后退、即征即退办法的，除另有规定外，对随"二税"附征的城市维护建设税，一律不予退（返）还。

②教育费附加。教育费附加是为了加快地方教育事业的发展，扩大地方教育经费的资金来源，而由税务机关负责征收，同级教育部门统筹安排，同级财政部门监督管理，专门用于发展地方教育事业（主要用于改善各地的办学设施和条件）的预算外资金。凡缴纳增值税、消费税的单位和个人，除缴纳农村教育事业费附加的单位外，都应按照规定缴纳教育费附加。

教育费附加以纳税人实际缴纳的增值税和消费税的税额为计费依据，征收税率为 3%，即：

应纳教育费附加额＝实际缴纳的（增值税＋消费税）×3%

除城市维护建设税和教育费附加外，为促进经济高质量发展和进出口贸易稳定增长，国家也适度调整了关税税率。

③关税。关税是以进出口的应税商品为纳税对象，在进出口商品经过一国关境时，由政府所设置的海关对进口货物和物品征收的税种。

在海上风电项目财务评价中，若涉及引进设备、技术或进口原材料时，需要考虑计征进口关税支出，具体估算方法参照有关税法和国家的税收优惠政策。同样，若项目出口商品属征税货物范畴，在评价时也应按规定估算出口关税。进口关税税额为：

进口关税税额＝完税价格×进口关税适用税率

式中，完税价格指进出口货物应当缴纳关税的价值。对于关税完税价格的审定，以最新版的《海关法》规定为准，由海关以该货物的成交价格为基础审查确定。通常来讲，进口货物的完税价格按到岸价格确定，包括货物的货价、运抵境内输入地点起卸前的运输及其相关费用、保险费。

根据《国务院关税税则委员会关于 2020 年进口暂定税率等调整方案的通知》中的相关规定，自 2020 年 1 月 1 日起，下调包括太阳能发电、风力发电设备等相关产品进口税率。其中，风力驱动的发电机组 2020 年最惠国税率为 8％，2020 年暂定税率为 5％。另有由财政部、工业和信息化部、海关总署、税务总局、能源局联合发文的《关于调整重大技术装备进口税收政策有关目录的通知》，调整后，自 2020 年 1 月 1 日起，到 2022 年 12 月 31 日止，进口大于等于 3MW 的大型功率发电机组及其配套的发电机、变流器和关键零部件（整机控制器 690VAC、变流器≥4000A、主轴承、发电机定子避雷器、发电机转子避雷器、发电机轴承和变流器功率模块及元件），可免征关税和进口环节增值税。

4.1.2 项目收入

1. 售电收入

营业收入是指通过产品销售或者提供服务所获得的收入，是项目建成投产后补偿总成本费用、上缴税金、偿还债务、保证企业再生产正常进行的前提，也是进行利润总额和营业税金估算的基础。营业收入的高低取决于所售商品、服务的数量和价格。对于生产多种产品或提供多项服务的主体，应分别估算每种产品及服务的销售收入；对于不便详细分类计算销售收入的，也可采用标准产品法计算销售收入。

在电力工程项目财务评价中，营业收入主要是售电收入，即上网电量和上网电价的乘积，其中上网电量是指发电场在上网电量计量点向电网输入的电量，即向供电企业出售的电量。海上风电项目财务评价所使用的上网电量，一般按照理论年发电量扣除场用电后的数值，乘以综合修正系数确定，其中理论年发电量、场用电和综合修正系数是根据风电场所在海域的测风数据，结合计划选用的风力发电机组和排布方案，考虑机组可利用率、控制与湍流、叶片污染、极端天气、运维可达性等多因素后综合评估得出的。

我国海上风电的上网电价经历了曾经的标杆电价、指导电价，到 2020 年 1 月 20 日，财政部、国家发展改革委和国家能源局联合发布了《关于促进非水可再生能源发电健康发展的若干意见》，文中规定："新增海上风电和光热项目不再纳入中央财政补贴范围，按规定完成核准（备案）并于 2021 年 12 月 31 日前全部机组完成并网的存量海上风力发电和太阳能光热发电项目，按相应价格政策纳入中央财政补贴范围。"我国海上风电无补贴的平价时代即将到来。我国沿海各省市统调脱硫燃煤机组标杆电价见表4-7。

表4-7 沿海各省市统调脱硫燃煤机组标杆电价

省市	标杆电价（元/kWh）	省市	标杆电价（元/kWh）
辽宁	0.374 9	上海	0.415 5
冀北	0.372 0	浙江	0.415 3
冀南	0.364 4	福建	0.393 2
天津	0.365 5	广东	0.453 0
山东	0.394 9	广西	0.420 7
江苏	0.391 0	海南	0.429 8

2. 补贴收入

（1）上网电价补贴。上网电价补贴，也被称之为强制性上网电价补贴，是一项旨在加速推进可再生能源广泛应用的政策机制。政府与使用可再生能源发电的个人或公司签订一份长期合约，期间发电者每向公共电网输送一度电，除了获得原本的电价以外，还可以赚取若干额度的补贴。

电价补贴的补贴金额由政府公布，一般取决于当时此种能源发电设施的造价及安装费用，并随着时间流逝、各种能源技术的提高、成本的下降而逐年减少。

近年来，我国在推进海上风电发展方面，开展了大量积极有效的工作，出台了一系列规定，采取了一系列举措。海上风电规划及建设政策和标准的不断完善，有力地加快了海上风电开发的步伐。可将近年来海上风电政策演变历程大致分为5个阶段，即示范项目阶段、特许权招标阶段、固定上网电价阶段、竞争配置阶段和2022年可能迎来的平价阶段。各阶段项目对应的上网电价和补贴额度也不尽相同，详见表4-8。

表4-8 我国海上风电上网电价变化情况及对应的补贴额度

年份	近海		潮间带	
	上网电价 （元/kWh）	补贴额度 （元/kWh）	上网电价 （元/kWh）	补贴额度 （元/kWh）
2014—2019	0.85	0.85～所在省份脱硫燃煤机组标杆电价	0.75	0.75～所在省份脱硫燃煤机组标杆电价

续表

年份	近海		潮间带	
	上网电价 （元/kWh）	补贴额度 （元/kWh）	上网电价 （元/kWh）	补贴额度 （元/kWh）
2019	0.8（指导价）	竞价电价～所在省份脱硫燃煤机组标杆电价	不高于项目所在资源区陆上风电指导价	竞价电价～所在省份脱硫燃煤机组标杆电价
2020	0.75（指导价）	竞价电价～所在省份脱硫燃煤机组标杆电价	不高于项目所在资源区陆上风电指导价	竞价电价～所在省份脱硫燃煤机组标杆电价
2021	海上风电所在省份的脱硫燃煤机组标杆电价（0.39～0.46）			

（2）变相补贴。国家对新能源发展的扶持，将是各类政策的"组合拳"。

1）绿证，即绿色电力证书，是国家对发电企业每兆瓦时非水可再生能源上网电量颁发的具有独特标识代码的电子证书，是非水可再生能源发电量的确认和属性证明，是消费绿色电力的唯一凭证。绿证的卖方为国家可再生能源电价附加资金补助目录内的风电（陆上风电）和光伏发电项目（不含分布式光伏项目），买方为各级政府机关、企事业单位、社会机构和个人。交易内容是绿色能源的电子凭证，1000度电/张。发电企业出售绿证后，相应的电量不再享受电价补贴。绿证的落实为风电释放了市场空间，可在一定程度上解决补贴资金不足和补贴拖欠的问题，但不论从目前规定对绿证卖方的限制，还是对绿证价格制定了不得高于相应的国家补贴标准的要求，绿证的适应对象仅包括国家可再生能源电价附加资金补助目录内的陆上风电和光伏发电项目（不含分布式光伏项目），对于海上风电并不适用。

2）其他变相补贴。待时机成熟后，海上风电等可再生能源项目还可以以多种方式参与市场，价格机制可能是多种方式并存。当前的竞争配置方式可以长期存在，此外还有诸如参与现货市场或签订中长期购电协议等方式，总体的目标是要促进可再生能源持续健康发展。

4.1.3　利润

1. 利润总额

利润总额是指企业在一定会计期间通过生产经营活动所实现的最终经营成

果，是衡量和评价企业生产经营成果的综合性指标，主要包括营业利润和营业外收支余额。利润总额为：

$$利润总额＝营业利润＋营业外收支余额$$
$$＝营业利润＋营业外收入－营业外支出$$

营业利润为：

$$营业利润＝营业收入－营业成本－税金及附加－期间费用－资产减值损失$$
$$＋公允价值变动收益－公允价值变动损失＋投资净收益$$

式中，营业外收入是指企业发生的与生产经营过程无直接关系，应列入当期利润的收入，主要包括：非流动资产处置利得、非货币性资产交换利得、债务重组利得、企业合并损益、政府补助、教育费附加返还款等。营业外支出指企业发生的除主营业务成本和其他业务支出以外的各项非营业性支出，主要包括非流动资产处置损失、非货币性资产交换损失、债务重组损失、罚款支出、公益性捐赠支出、非常损失等。

2. 毛利与净利

(1) 毛利。毛利是指主营业务收入扣除主营业务的直接成本后的利润部分，尚未减去商品流通费和税金，即：

$$毛利＝销售收入－主营业务直接成本$$

若毛利不足以抵偿商品流通费和税金，企业就会发生亏损。

毛利率是指毛利与销售收入（或营业收入）的百分比，即：

$$毛利率＝毛利/营业收入\times100\%$$

毛利率代表了企业在直接生产过程中的获利能力，毛利率越高代表了企业在直接生产过程中的获利能力越高。

(2) 净利。净利即企业的税后利润，是指企业当期利润总额减去所得税后的金额，即：

$$净利＝利润总额－所得税$$

净利是衡量企业最终经营成果的重要指标。净利越多，企业的经营效益就越好；净利越少，企业的经营效益就越差。

在海上风电项目财务评价中，项目收入扣除总成本费用、实缴增值税和税金及附加后为发电利润，净利为发电利润扣除所得税后的余额。

3. 利润分配

利润分配是企业在一定时期内，按照国家政策规定的比例，对已实现的利润总额以及从联营单位分得的利润作相应调整后，将可供分配的利润在国家、企业和投资者之间进行分配。可供分配利润等于当期实现的净利润加上期初未分配利润（或减去期初未弥补亏损），即：

可供分配利润＝净利润＋期初未分配利润＝净利润－期初未弥补亏损

在海上风电项目财务评价中，税后利润提取 10％ 的法定盈余公积金后，剩余部分为可分配利润，再扣除分配给投资者的应付利润，即为未分配利润。

4.2　财务评价指标

为确保海上风电项目经济决策的正确性和科学性，必须对项目技术方案进行综合评估和科学评价。一般来说，评价维度包括项目投资的回收速度、投资的盈利能力和资金的使用效率 3 个方面。与此相对应，可将财务评价指标分为时间型指标、价值型指标和效率型指标 3 类。时间型指标是从时间角度评价项目方案经济效果的指标，如投资回收期；价值型指标是从货币量的角度评价项目方案经济效果的指标，如净现值、度电成本、平准化度电成本；比率型指标是从资源利用效率的角度评价项目方案经济效果的指标，如内部收益率、资产负债率等。

根据指标是否考虑资金的时间价值，可将财务指标分为静态指标和动态指标，前者不计算资金的时间价值，所采用的年度现金流量是当年实际值，后者考虑资金的时间价值，计算现金折现后的实际价值。

4.2.1　时间型指标

投资回收期（Payback Period，PP），是指项目的总收益回收总投资所需要的时间，是衡量收回初始投资速度快慢的指标。在评估单一项目时，该投资回收期要小于投资者对于投资回收期的最长预期；在评价多项目时，在项目都小于投资者对于投资回收期最长预期的情况下，选择投资回收期最短的项目。按是否考虑资金的时间价值，投资回收期可以分为静态投资回收期和动态投资回收期，静态投资回收期没有考虑资金的时间价值，动态投资回收期考虑了资金的时间价值。

（1）静态投资回收期。静态投资回收期（T）为：

$$T = （累计净现金流量出现正值的年数 - 1）$$

$$+ \left(\frac{出现正值年份的上年累计净现金流量绝对值}{出现正值年份当年净现金流量} \right)$$

（2）动态投资回收期。

动态投资回收期（T'）的计算公式如下：

$$T' = （累计净现金流量的折现值出现正值的年数 - 1）$$

$$+ \left(\frac{出现正值年份的上年累计净现金流量折现值的绝对值}{出现正值年份当年净现金流量折现值} \right)$$

运用投资回收期指标可以衡量海上风电项目收回初始投资速度的快慢。回收期越短，风险越小，投资项目越有利。某项目从第 12 年开始累计净现金流量出现正值，当年净现金流量为 27 458 万元，上年净现金流量绝对值为15 911 万元，利用计算公式可得该项目的静态投资回收期：

$$T = (12 - 1) + \frac{15\ 911}{27\ 458} \approx 11.58（年）$$

投资回收期的概念易于理解，但该指标只表明了投资回收的年限，未标明项目的获利能力，没有考虑资金的时间价值和项目整个寿命周期的盈利水平，多用在项目初选。

4.2.2 价值型指标

1. 净现值

净现值（Net Present Value，NPV），是指一项投资所产生的未来现金流的折现值与项目投资成本之间的差值。净现值为：

$$NPV = \sum_{n=1}^{N} \frac{(CI - CO)^{n-1}}{(1+r)^{n-1}}$$

式中　CI——第 n 年现金流入量（万元）；

　　CO——第 n 年现金流出量（万元）；

　　N——项目的计算期，年；

　　r——折现率。

如果 $NPV > 0$，说明项目的实际报酬率高于所要求的报酬率，项目具有财务可行性；

如果净现值 < 0，说明项目的实际报酬率低于所要求的报酬率，项目不可行；如果净现值 $= 0$，说明项目的实际报酬率等于所要求的报酬率，不改变股

东财富，没必要采纳。净现值的求取可借助财务软件来完成（如 MSExcel 的 NPV 函数）。

一般而言，净现值与折现率之间成反比关系，随着折现率增大，净现值减小。净现值为零时的折现率，即是内部收益率（IRR）。采用净现值指标分析的优点是，考虑了资金的时间价值，增加了投资决策的科学性；考虑了全过程净现金流，体现了流动性与收益性的统一；考虑了投资风险，可以通过折现率高低来匹配投资风险大小，风险大取折现率高，风险小取折现率低。

表 4-9 中，该项目投资财务净现值（3038 万元）和资本金财务净现值（53 817 万元）均大于零，方案可行。

表 4-9　　　　东部某 200MW 海上风电项目财务指标汇总表

序号	名称	单位	数值
1	装机容量	MW	200
2	年发电量	亿 kWh	5.15
3	总投资	万元	315 961
4	建设期利息	万元	14 304
5	流动资金	万元	1000
6	发电销售收入总额（不含增值税）	万元	947 454
7	总成本费用	万元	607 415
8	销售税金附加总额	万元	16 107
9	发电利润总额	万元	423 246
10	电价		
10.1	不含增值税电价	元/kWh	0.73
10.2	含增值税电价	元/kWh	0.85
11	盈利能力指标		
11.1	投资回收期	年	11.58
11.2	内部收益率（税后）		
11.2.1	项目投资财务内部收益率	%	8.14
11.2.2	资本金内部收益率	%	15.57
11.3	财务净现值（税后）		
11.3.1	项目投资财务内部净现值	万元	3038
11.3.2	资本金财务内部净现值	万元	53 817
11.4	总投资收益率（ROI）	%	6.55
11.5	投资利税率	%	8.77

序号	名称	单位	数值
11.6	项目资本金净利润率（ROE）	%	21.59
12	清偿能力指标		
12.1	借款偿还期	年	15
13	资产负债率	%	74.76

此方法也存在缺点和局限，如折现率不易确定、不适宜于对投资额差别较大的独立投资方案的比较决策，有时也不能对寿命期不同的互斥投资方案进行直接决策。运用净现值指标可以衡量海上风电项目投资是否可行。

2. 度电成本

从成本费用的角度进行分析，度电成本（Cost of Energy）为

$$COE = \frac{K - R + \sum_{n=1}^{N}(C_n + IE_n) - \sum_{n=1}^{N}(TC_n \times TR)}{\sum_{n=1}^{N} E_n}$$

式中 K——工程总投资；

R——回收固定资产余值；

C_n——第 n 年经营成本；

IE_n——第 n 年利息支出；

TC_n——第 n 年总成本费用；

TR——企业所得税率；

E_n——第 n 年发电量。

各年发生的折旧费不属于现金流出或现金流入，不计入各年的支出。在不考虑年度亏损的情况下，企业所得税的计税依据是利润总额扣除总成本费用。由于海上风电项目所得税享受"三免三减半"政策扶持，因此在投产后前 3 年该项为零，在投产后第 4～6 年该项减半。该公式的分子部分为全生命周期成本总和，分母部分为上网电量总和。

以东部某 200MW 海上风电项目为例，如表 4-10 所示，项目在第 5 年处于所得税减半期间，因此该年度的全生命周期成本为：

5197.1＋10 729.3－（5197.1＋10 729.3＋14 157.2）×0.25×0.5

≈12 165.9(万元)

表4-10　　　　　海上风电项目度电成本计算的基础财务数据　　　　　（万元）

项目	合计	建设期		经营期					
		1	2	3	4	5	6	…	27
工程总投资	314 961.2	213 542.8	101 418.4						
经营成本	218 636.8	0.0	1139.2	5197.1	5197.1	5197.1	5197.1	…	11 035.1
利息支出	102 715.7	0.0	3085.8	12 374.2	11 551.7	10 729.3	9906.8		37.4
经营成本＋利息支出	321 352.5	0.0	4225.0	17 571.3	16 748.8	15 926.4	15 103.9	…	11 072.5
折旧费	283 143.2	0.0	4247.1	14 157.2	14 157.2	14 157.2	14 157.2	…	0.0
回收固定资产余值	8757.0	0.0	0.0				0.0	…	8757.0
年上网电量（万 kWh）	1 304 141.9	0.0	15 464.1	51 547.1	51 547.1	51 547.1	51 547.1	…	51 547.1
折现后的年上网电量	706 634.5	0.0	14 727.7	46 754.7	44 528.3	42 407.9	40 388.5	…	14 497.1
全生命周期成本	505 547.2	213 542.8	105 643.4	17 571.3	16 748.8	12 165.9	11 446.3	…	−452.6
折现后全生命周期成本	429 155.8	213 542.8	100 612.8	15 937.7	14 468.3	10 008.9	8968.5	…	−127.3

项目总投资 314 961.2 万元，各年投资与成本费用的累加值为 505 547.2 万元，各年上网电量累加值为 1 304 141.9 万 kWh，度电成本为：505 547.2÷1 304 141.9≈0.39(元/kWh)。

3. 平准化度电成本

平准化度电成本（Levelized Cost of Energy）可以实现不同发电技术或项目之间的横向比较，对研究对象的规模没有限制。平准化度电成本考虑了资金的时间价值，按一定的折现率将各年的投资、成本费用折现到同一时间点（期初）为：

$$LCOE = \frac{\sum_{n=1}^{N} \dfrac{K_n - R_n + C_n + IE_n - TC_n \times TR}{(1+r)^{n-1}}}{\sum_{n=1}^{N} \dfrac{E_n}{(1+r)^{n-1}}}$$

式中　K_n——第 n 年工程投资；

R_n——第 n 年回收固定资产余值；

r——折现率；

C_n——第 n 年经营成本；

IE_n——第 n 年利息支出；

TC_n——第 n 年总成本费用；

TR——企业所得税率；

E_n——第 n 年发电量。

平准化度电成本等于各年投资与成本费用现值的累加值之和与各年上网电量折现累加值之比，表示单位电量所需要的成本投入。通常平准化度电成本数值越低，代表该发电技术或项目的经济性越好。

表 4-10 中，项目在第 5 年处于所得税减半期间，因此该年度的全生命周期成本为 12 165.9 万元，折现后为 10 008.9 万元，该年度的上网电量折现后为 42 407.9 万元。总投资在建设期分两年投入，当折现率为 5% 时，各年投资与成本费用现值累计为 429 155.8 万元，各年上网电量折现累计为 706 634.5 万 kWh，平准化度电成本为：429 155.8÷706 634.5≈0.61(元/kWh)。

如果在计算过程中考虑年度亏损的情况，在计税时需首先补偿以前年度亏损，即在计算成本时负项增多，得到的度电成本或平准化度电成本就会比上述结果更小。

4.2.3 比率型指标

1. 内部收益率

内部收益率（Internal Rate of Return，IRR），是指资金流入现值总额与资金流出现值总额相等、净现值等于零时的折现率，是一项投资期望达到的报酬率，该指标越大越好。投资决策时一般将内部收益率与供参考的行业基准收益率或企业确定的基准收益率水平进行比较。一般情况下，内部收益率大于等于基准收益率时，该项目在财务上是可行的；反之则不可行。内部收益率的求取可借助财务软件来完成（例如 MSExcel 的 IRR 函数），即：

$$NPV = \sum_{n=0}^{N} \frac{(CI - CO)^n}{(1 + IRR)^n} = 0$$

表 4-9 中项目投资财务内部收益率 8.14%，大于基准收益率 8.00%；资本金财务内部收益率 15.57%，大于基准收益率 10.00%，因此该项目在财务

上可行。

尽管内部收益率可以帮助投资者判断项目在财务上是否可行、是否值得投资，却未告诉投资者值得多少额度的投资。对于绝大多数投资者来说，不仅想知道是否值得投资，更希望知道目标项目的整体价值，这点仅通过内部收益率的测算无法满足。因此，内部收益率更多适用于对于指定单一项目的投资判断。其次，内部收益率是比率值，不是绝对值，受规模大小等因素的影响，会存在内部收益率较低但净现值较高的情况，因此多项目选比时，必须综合考虑内部收益率和净现值两个指标。

内部收益率是衡量项目经济性的有效方法，是海上风电项目投资商最关注的指标之一。内部收益率越高，项目经济性越好，投资商投资意愿越强。

2. 总投资收益率

总投资收益率（Return On Investment，ROI），是指投资方案在达产后，正常年份的平均息税前利润与项目总投资的比值。反映总投资的盈利水平。总投资收益率为：

$$ROI = \frac{年平均利润}{项目总投资} \times 100\%$$

如，某项目达产期利润总额为 517 459 万元（达产期从第三年开始），已知现有海上风电项目运营年份为 25 年。

年平均利润为

$$517\ 459 \div 25 \approx 20\ 698.36（万元）$$

总投资收益率为

$$(20\ 698.36 \div 315\ 961) \times 100\% \approx 6.55\%$$

3. 总投资利税率

总投资利税率为：

$$总投资利税率 = \frac{年平均利税}{项目总投资}$$
$$= \frac{年平均利润 + 年平均销售税金及附加}{项目总投资} \times 100\%$$

总投资利税率是当项目达到设计能力以后，正常年份的平均息税前利润、销售税金及附加之和与项目总投资的比值。例如，项目总投资 315 961 万元，达产期的销售税金及附加为 177 173－2100＝175 073（万元），因此年平均利税为（517 459＋175 073）÷25≈27 705（万元），总投资利税率为（27 701÷315 961）×100%≈8.77%。由于考虑了销售税金及附加，总投资利税率比总投资收益率要高。

4. 资本金净利润率

资本金净利润率为

$$资本金净利润率＝\frac{年平均净利润}{项目资本金}×100\%$$

例如，项目资本金 60 131 万元，达产期的净利润总额为

$$328\ 975－4481＝324\ 494（万元）$$

年平均净利润为

$$324\ 494÷25≈12\ 979.8（万元）$$

资本金净利润率为

$$(12\ 979.8÷60\ 131)×100\%≈21.59\%$$

反映项目清偿能力的主要指标包括资产负债率、利息备付率和偿债备付率等，通过分析这些当期计算的指标以了解项目的清偿能力。

（1）资产负债率。

$$资产负债率＝\frac{负债总额}{资产总额}×100\%$$

一般认为资产负债率为 60% 合适，债权人认为资产负债率越小，风险越小；股东认为在利润率大于利率时，可以发挥财务杠杆作用，因此经营者对资产负债率的大小要权衡利弊。如，某项目资产负债表的第 3 年数据显示，负债小计 247 347 万元，资产总额 261 535 万元，资产负债率为

$$(247\ 347÷261\ 535)×100\%≈94.58\%$$

第 17 年数据显示，负债小计 15 192 万元，资产总额 60 504 万元，资产负债率为

$$(15\ 192÷60\ 504)×100\%≈25.11\%$$

（2）利息备付率。

$$利息备付率＝\frac{息税前利润}{应付利息额}$$

利息备付率按年计算，利息备付率越高，表明项目偿付利息的保障程度就越高。利息备付率至少应大于 1，并结合债权人的要求确定。以第 11 年为例，

已知当年息税前利润为17 685万元，应付利息为 5795 万元，计算可得利息备付率为

$$17\ 685 \div 5795 \approx 3.05$$

（3）偿债备付率。

偿债备付率的计算公式如下：

$$偿债备付率 = \frac{息税折旧摊销前利润 - 所得税}{应还本付息额}$$

偿债备付率反映了可用于计算还本付息的资金偿还借款本息的保障程度，偿债负债率应大于 1，并结合债权人的要求确定。

4.3　不确定性分析

不确定性分析是对生产、经营过程中各种事前无法控制的外部因素变化与影响所进行评估和分析的行为。对于工程建设项目而言，用于财务评价指标计算的相关数据多为根据历史数据和经验，结合市场、技术、方案、价格等多方面因素预测和估算得出，存在一定的不确定性，加之受通货膨胀、建设资金和工期变化、技术进步和工艺变革、市场供需及价格变动、宏观政策法规调整、不可抗力等多因素影响，会存在建设经营状况偏离、实施结果偏差的多种可能，不确定性风险是始终存在的。在海上风电项目技术经济分析中，尤其要重视由于不确定性的存在而导致项目产生经济风险，做好项目不确定性分析，为项目的投资决策和风险应对提供依据，为投资者和经营者的决策提供参考。

概括起来，不确定性分析可主要包括盈亏平衡分析、敏感性分析、风险分析（详见第 6 章）。在实际工作中，不确定性分析一般按以下步骤进行：首先，鉴别主要不确定性因素，通常有销售收入（产品价格和产品产量等）、生产成本、投资支出和建设工期等；其次，预估不确定因素的变化范围，确定其边界值或变动比率；再次，进行盈亏平衡分析和敏感性分析，判断项目对不确定性因素变化的适应能力和抗风险能力；最后，找出敏感因素，评估经济指标对因素变动的敏感程度，粗略预测项目可能承担的风险，为进一步的风险分析打下基础。

4.3.1　盈亏平衡分析

1. 释义

盈亏平衡分析，又称保本点分析或本量利分析，是分析项目成本与收益的

平衡关系的一种方法。具体是通过分析建设项目寿命期内的产品产量、生产成本、产品销售价格等因素并研究其之间的关系，测算项目的盈亏平衡点，找到投资方案盈利在产品产量、生产成本、产品价格等方面的界限，并判断投资方案对不确定因素变化的承受能力，为决策提供依据。

盈亏平衡点，又称收益转折点，通常指全部销售收入等于全部成本时的产量，即为项目盈利与亏损状态的转折点。在这一状态上，项目既无盈利、也不亏本，即利润为零。一般来说，在项目生产能力许可范围内，盈亏平衡点越低，项目盈利的可能性就越大，发生亏损的可能性就越小，适应市场等外部环境变化和抵抗风险的能力也越强。

根据生产成本、销售收入与产品产量之间是否呈线性关系，盈亏平衡分析可分为线性盈亏平衡分析和非线性盈亏平衡分析。在海上风电场项目技术经济分析中，一般进行线性盈亏平衡分析，假设如下：

（1）生产量等于销售量，统称为产销量。

（2）将生产总成本按固定成本和可变成本区分。在一定产量范围内，当产量变化时，固定成本总额不变，单位可变成本不变，即生产总成本、变动成本均与产销量呈线性关系。

（3）在一定时期、一定的产销量范围内，产品销售单价不变，产品销售收入与产销量呈线性关系。

（4）在一定时期、一定产销量范围内，单位产品销售税率不变，销售税金与产销量呈线性关系。

生产总成本＝固定成本＋变动成本＝固定成本＋单位可变成本×产销量

销售收入＝产品销售单价×产销量

销售税金＝单位产品销售税金×产销量

2. 方法

根据上述假设和公式，可以确定盈亏平衡点。盈亏平衡点有多种形式，在技术经济分析中，通常采用产品产量和生产能力利用率来表示盈亏平衡点。

当项目达到盈亏平衡状态时，销售收入等于生产总成本与税金之和，即：

销售收入＝生产总成本＋销售税金

此时的产销量即为盈亏平衡点的产量，即：

产品销售单价×产销量＝固定成本＋单位可变成本×产销量＋

$$盈亏平衡点产量＝产销量＝\frac{固定成本}{产品销售单价－单位可变成本－\dfrac{单位产品销售税金×产销量}{产销量}}$$

$$（4-1）$$

将式（4-1）两端同时除以项目的设计年产量，便可求得生产能力利用率：

$$生产能力利用率＝\frac{固定成本}{（产品销售单价－单位可变成本－单位产品销售税金）×设计年产量}$$

通过盈亏平衡点的计算，结合具体项目情况和市场行情，可以对项目的盈亏情况进行预判。

4.3.2　敏感性分析

由于政策市场、工程技术等各种因素未来的变化带有一定的不确定性，加之预测方法和工作条件的局限性，对经济性评价中使用的投资、成本费用、发电量、上网电价等基础数据的估算与预测结果不可避免会有一定误差。为了避免决策失误，需要掌握各种相关因素变化对投资或投标方案经济效果的影响程度，从而了解方案对外部条件变化的承受能力。敏感性分析是目前海上风电场项目技术经济分析最常见的不确定性分析方法。投资商或开发商通过该分析方法，更好掌控海上风电项目的投资预算、融资计划和财务收益边界。

敏感性分析是分析一个或多个不确定因素的变化对决策评价指标的影响程度，掌握各种不确定因素的变化对实现预期目标和经济效果的影响，从而对外部条件发生不利变化时投资或投标方案的承受能力作出判断。单因素敏感性分析，是分析单个不确定因素的变化对决策评价指标的影响程度，在分析时假定其他因素均不变。多因素敏感性分析，要考虑多种因素不同变化幅度的多种组合，计算起来要复杂得多，在分析时各种因素的变化可能存在相关性。

敏感性分析在海上风电项目上的应用，包括以下 3 个方面：

（1）通过单因素敏感性分析，分析出上网电量、固定资产投资、上网电价等变化引起项目内部收益率的变动程度。

（2）通过线性求解法，计算所得到的敏感度系数，量化分析出项目经济性对各种不确定因素的敏感程度，并对敏感程度进行排序找出最关键的因素。

（3）通过敏感度系数，比较分析项目容量、单位造价等因素对收益率和发电量的敏感程度。

1. 单因素敏感性分析

基于单因素敏感性的分析方法，可以分析计算上网电量、固定资产投资、上网电价等因素变化所引起的财务内部收益率的改变，或在基准收益率下，计算上网电量、固定资产投资变化对上网电价的影响，从而分析出项目的抗风险能力。表 4-11 是东部某 200MW 海上风电项目的财务指标敏感性分析。

表 4-11　　　东部某 200MW 海上风电项目财务指标敏感性分析

项目		项目投资内部收益率	资本金内部收益率	上网电价（元/kWh）	
				不含增值税	含增值税
基本方案		8.14%	15.57%	0.726 5	0.85
投资变化	10%	7.97%	11.29%	0.726 5	0.85
	5%	8.05%	13.28%	0.726 5	0.85
	-5%	8.22%	18.22%	0.726 5	0.85
	-10%	8.30%	21.28%	0.726 5	0.85
电量变化	10%	9.17%	20.11%	0.726 5	0.85
	5%	8.71%	17.80%	0.726 5	0.85
	-5%	7.55%	13.43%	0.726 5	0.85
	-10%	6.95%	11.40%	0.726 5	0.85
电价变化	10%	9.27%	20.11%	0.799 1	0.935 0
	5%	8.71%	17.80%	0.762 8	0.892 5
	-5%	7.55%	13.43%	0.690 2	0.807 5
	-10%	6.95%	11.40%	0.653 8	0.765 0

在上网电量和电价不变的情况下，当固定资产投资增加 5% 时，投资财务内部收益率减小，不过仍大于 8%。当固定资产投资增加 10% 时，此时的投资财务内部收益率会小于基准收益率 8%。当固定资产投资减少 5% 及 10% 时，投资和资本金财务内部收益率均增大并超过基准收益率。由此可见，若固定资产投资增加。则项目财务风险增加并且内部收益率容易低于基准。换言之，项目趋向于减少固定资产投资以提高财务内部收益率。

在固定资产投资和上网电价不变的情况下，当上网电量减少 5% 及 10% 时，财务内部收益率减小，并且投资内部收益率小于基准收益率 8%。因此，若上网电量减少，则项目财务风险增加，并且内部收益率容易低于基准收益率。

在固定资产投资和上网电量不变的情况下，当上网电价下调 5% 及 10%

时，财务内部收益率减小，并且投资内部收益率小于基准收益率8%。因此，若上网电价降低，则项目财务风险增加并且内部收益率容易低于基准收益率。可见，电量变化和电价变化对于资本金内部收益率的敏感性是一致的。

敏感性分析的结果表明，增加固定资产投资、上网电量减少和上网电价降低等因素，会使该海上风电项目的财务风险增大。

假定其他因素不变，对特定的某一因素或几个因素设定变动数量或幅度，一般选择不确定因素的变化百分率为±5%、±10%、±15%、±20%。除了本节分析的上网电量、上网电价、固定资产投资之外，还可以分析机组价格、基础价格、施工费用、经营成本、其他费用等常见的不确定因素。

2. 敏感度系数

实际上，单因素对收益率的影响程度需要通过较为精细的数值分析获得，下面介绍敏感度系数的概念和使用方法。敏感度系数为：

$$S_{AF} = \frac{\Delta A / A}{\Delta F / F}$$

式中　S_{AF}——评价指标 A 对不确定性因素 F 的敏感度系数；

$\Delta F / F$——不确定性因素 F 的变化率；

$\Delta A / A$——不确定性因素 F 发生 ΔF 变化率时评价指标 A 的变化率。

如果敏感度系数 $S_{AF} > 0$，表示评价指标与不确定性因素同方向变化；如果敏感度系数 $S_{AF} < 0$，表示评价指标与不确定性因素反方向变化。敏感度系数的绝对值 $|S_{AF}|$ 较大，表示项目经济性对该不确定性因素敏感程度高。对东部某 200MW 海上风电项目的电价变化进行敏感性分析和敏感度系数计算，如表 4-12 所示。

表 4-12　　东部某 200MW 海上风电项目的电价变化敏感性分析

不确定因素	变化率	变动后上网电价 （元/kWh）	资本金内部收益率	收益率变动	敏感度系数
电价变化	−10%	0.765 0	11.40%		
	−5%	0.807 5	13.43%	2.03%	0.406
	0%	0.850 0	15.57%	2.14%	0.428
	5%	0.892 5	17.80%	2.23%	0.446
	10%	0.935 0	20.11%	2.31%	0.462

如图 4-5 所示为电价变动与资本金收益率的关系，对于不同的项目和不确定因素，敏感度系数（S_{AF}）会有所不同。在变化率 Δ% 较小（例如 Δ% = 5%）的区间内敏感度系数（S_{AF}）近似不变，例如在 −10%～−5% 之间的敏感度系数（S_{AF}）：

$$S_{AF} = \frac{13.43\% - 11.40\%}{5\%} = 0.406$$

$S_{AF} > 0$ 表示随着电价上升，项目资本金内部收益率提高，两者同方向变化。通过作图法可以更清晰地看到两者之间的关系，如图 4-5 所示。敏感度系数的物理意义即是各段曲线的斜率。

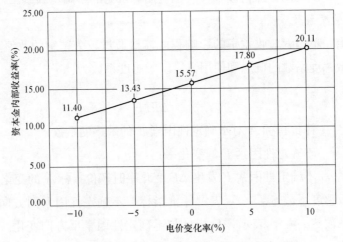

图 4-5　东部某 200MW 项目的电价敏感性分析

为评估某项目 C 机组价格变化对收益率的影响进行了敏感性分析，见表 4-13。随着机组价格上升，项目资本金内部收益率降低。

表 4-13　　　　　　　某项目 C 的机组价格变化敏感性分析

不确定因素	变化率	变动后的机组价格（元/kW）	资本金财务内部收益率（IRR）	收益率变动	敏感度系数
	−10%	6840	29.03%		
机组	−5%	7220	28.13%	−0.90%	−0.180
价格	0%	7600	27.28%	−0.85%	−0.170
变化	5%	7980	26.45%	−0.83%	−0.166
	10%	8360	25.66%	−0.79%	−0.158

通过线性求解法可以求取在任意价格变化率下所对应的资本金收益率。可以采用线性求解的原因是在 5% 的敏感性因素变化幅度内，资本金内部收益率的变化形式为曲率非常小的曲线，因此可看作近似线性变化。从后续的分析中可得知，误差基本可以忽略。

例：求取在机组价格降低 8% 且其他条件不变的情况下所对应的资本金收益率。首先，计算出在 $-5\% \sim -10\%$ 之间的敏感度系数：

$$S_{AF} = \frac{28.13\% - 29.03\%}{5\%} = -0.18$$

在机组价格降低 8% 时，计算出资本金收益率：

$$IRR = 29.03\% - 0.18 \times (10\% - 8\%) = 28.67\%$$

$S_{AF} < 0$ 表示随着机组价格上升，项目资本金内部收益率下降，两者反方向变化。通过作图法可以确认两者之间的关系，如图 4-6 所示。

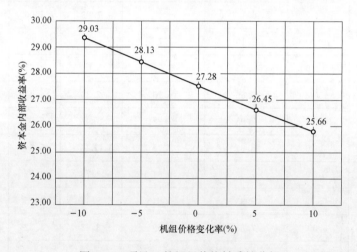

图 4-6　项目 C 的机组价格敏感性分析

这种将利用线性求解法得到的快速计算结果与手动或者借助其他编程工具的复杂计算结果进行对比，两者误差非常小。在上述项目 C 的例子中，实际的机组价格降低 8% 之后为 $7600 \times (1 - 8\%) = 6992$(元/kW)，将该价格代入实际的模型中，计算得出的结果为 28.67%，与线性插值法所得到的结果吻合。

对于不同的项目和不确定因素，计算误差也可能会有所不同。结合作图法，可以防止明显误差的发生。这种计算方法目前在一些海上风电项目经济性评价中已得到应用。

3. 敏感因素分析和排序

根据敏感性分析结果可以判断各个敏感因素对项目经济性影响的大小。不确定因素在 -10%~+10% 范围内，以 5% 的变化率为单位，测算出所对应的财务指标，表 4-14 为某海上风电项目 A 的财务敏感性分析。

表 4-14　　　　　某海上风电项目 A 的财务敏感性分析　　　　　（%）

不确定因素	变化率	项目投资财务内部收益率（所得税前）	项目投资财务内部收益率（所得税后）	资本金财务内部收益率	总投资收益率（ROI）	项目资本金净利润率（ROE）
基准方案		7.33	6.67	9.04	4.53	7.74
投资变化	-10.00	8.65	7.79	12.06	5.59	10.43
	-5.00	7.96	7.20	10.48	5.64	9.02
	5.00	6.74	6.17	7.73	4.06	6.59
	10.00	6.19	5.71	6.55	3.67	5.56
电价或发电量变化	-10.00	5.97	5.53	6.06	3.51	5.16
	-5.00	6.66	6.10	7.56	4.02	6.44
	5.00	7.98	7.22	10.52	5.05	9.65
	10.00	8.61	7.75	11.97	5.56	10.35
利率变化	-10.00	7.33	6.61	9.78	4.57	8.20
	-5.00	7.33	6.64	9.41	4.55	7.97
	5.00	7.33	6.69	8.68	4.52	7.51
	10.00	7.33	6.72	8.32	4.50	7.29

将不确定因素变化率 5% 以内的内部收益率变化看成近似线性函数，绘出如图 4-7 所示的变化率。根据资本金内部收益率的曲线斜率可对三者的敏感性进行比较，发电量或电价与投资的敏感度接近，利率的敏感度最低。

表 4-15 为某海上风电项目 B（300MW）的财务敏感性分析。此处采用机组价格、基础造价、电价/发电量为不确定因素，在 -10%~+10% 范围内以 5% 的变化率为单位进行测算，评价指标采用资本金内部收益率。在计算收益率的基础上，进一步得出各变化率所对应收益率的变化量。

100

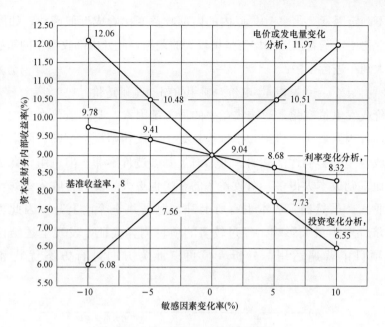

图 4-7 项目 A 的敏感性分析

表 4-15   **某海上风电项目 B 的财务敏感性分析**   （％）

不确定因素	变化率	资本金内部收益率	收益率变化	收益率变化均值
基准方案		24.80		
机组价格 变化	−10	28.85		
	−5	26.75	−2.09	
	0	24.80	−1.96	−1.89
	5	22.97	−1.83	
	10	21.27	−1.70	
基础造价 变化	−10	25.94		
	−5	25.36	−0.58	
	0	24.80	−0.56	−0.56
	5	24.24	−0.55	
	10	23.70	−0.54	
电价/发电量 变化	−10	17.59		
	−5	21.10	+3.50	
	0	24.80	+3.70	3.74
	5	28.63	+3.85	
	10	32.54	+3.90	

将不确定因素变化率10％以内的内部收益变化看成近似函数，如图4-8所示的变化率，三者敏感度均值呈现较大的差异，此处内部收益率的敏感程度按照从大到小进行排序：

发电量/电价＞机组价格＞基础造价

电价或发电量变化是影响收益率的最关键因素，基础造价变化的敏感性比其他两种因素要小。机组和基础投资处于一次初始投资范畴，随着时间的推移对收益率的影响逐渐减弱。虽然海上基础造价不菲，但机组设备的成本还是要比基础成本大得多，对收益率的影响也更大。发电量收入是每年的主要经营收入，虽然经营成本也有所上升，但是并非等比上升，因此也就对项目经济性产生最大影响。经过较多的项目测算验证，发现上述结论在海上风电项目中普遍适用，分析人员可以此为方向进行方案优化和成本控制。

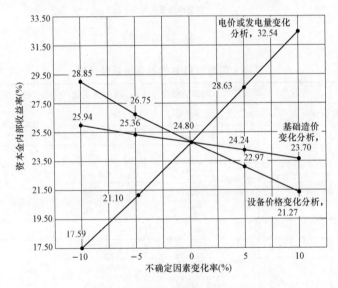

图4-8　项目B的敏感性分析

4. 项目容量对收益敏感性的影响

以下取两个总投资单位千瓦造价近似相等的项目进行敏感性的研究，项目B为300MW项目，项目C为200MW项目，见表4-16。

表 4-16		不同容量项目的财务敏感性分析					（%）
不确定因素	变化率	项目 B（300MW）			项目 C（200MW）		
		资本金财务内部收益率	收益率变化	敏感度均值	资本金财务内部收益率	收益率变化	敏感度均值
基准方案		24.80			27.28		
机组价格变化	−10	28.85		−1.89	29.03		−0.84
	−5	26.75	−2.09		28.13	−0.89	
	0	24.80	−1.96		27.28	−0.86	
	5	22.97	−1.83		26.45	−0.83	
	10	21.27	−1.70		25.66	−0.79	
基础造价变化	−10	25.94		−0.56	28.02		−0.37
	−5	25.36	−0.58		27.65	−0.38	
	0	24.80	−0.56		27.28	−0.37	
	5	24.24	−0.55		26.91	−0.36	
	10	23.70	−0.54		26.55	−0.36	
电价或产量变化	−10	17.59		3.74	23.78		1.71
	−5	21.10	3.50		25.55	1.77	
	0	24.80	3.70		27.28	1.73	
	5	28.63	3.83		28.96	1.68	
	10	32.54	3.90		30.60	1.64	

在同一项目中，电价或发电量 5% 以内的敏感度均值超过机组价格的 2 倍。在同一项目采用单一种机组的情况下，发电量和机组价格的敏感度均值比值对整个风场影响较大，可参考性较高。

机组价格敏感度均值约为基础造价的 2~4 倍，两者比值关系不稳定，原因可能是基础因地质环境差异大，单体造价差异大。

项目 B 和项目 C 的总投资单位千瓦造价近似相等，横向对比之下各种因素的敏感度均值呈现较大的差异，不确定因素对收益率的敏感度均值随着项目总容量的升高而升高。

5. 单位造价对发电量敏感性的影响

将不确定因素的变化率扩大到 +30%，分析在总投资相同、单位千瓦造价不同的情况下，项目 B 经济性对电价或发电量的敏感性，计算结果见表 4-17。

表 4-17　　相同总投资、不同单位千瓦造价下项目 B（300MW）
的经济效益对电价或发电量的敏感性分析　　　（%）

不确定因素	变化率	单位千瓦造价 15 700 元		单位千瓦造价 16 700 元		单位千瓦造价 17 700 元	
		资本金财务内部收益率	收益率变化	资本金财务内部收益率	收益率变化	资本金财务内部收益率	收益率变化
电价或发电量变化	−10	21.49		17.59		14.42	
	−5	25.45	3.96	21.10	3.50	17.49	3.07
	0	29.55	4.10	24.80	3.70	20.78	3.29
	5	33.72	4.17	28.63	3.83	24.25	3.47
	10	37.89	4.17	32.54	3.90	27.85	3.60
	15	42.04	4.15	36.46	3.92	31.52	3.67
	20	46.15	4.11	40.37	3.91	35.22	3.70
	25	50.20	4.05	44.25	3.88	38.92	3.70
	30	54.19	3.99	48.08	3.83	42.59	3.67

当发电量/电价在区间［−10%，30%］变化时，收益率变化的速度呈现前期上升，后期下降的趋势，如图 4-9 所示，因此该区间内必然存在一个收益率变化速度的最大值。假设其他概算和经济评价取费系数相同，海上风电项目的收益率通常是一个与总投资变化率负相关，与发电量变化率正相关的函数。注意该函数并非完全是线性上升或下降的函数，该斜率（也就是敏感度系数）仍然存在一定的波动。也就是说，对于单位千瓦造价一定的风电场，存在一个与之相对应的最敏感发电量值，发电量在该最大值附近出现微小变化都会引起收益率相对大的波动。

此处定义总投资单位千瓦造价与等效可利用小时数的比值为"投时比"，计算公式如下：

$$投时比 = \frac{总投资单位千瓦造价}{等效可利用小时数}$$

对于相同的等效可利用小时数，单位造价越高则投时比越高，方案的经济性越差。通常风电机组的单位造价越高，机组捕获风能效率和可靠性越高，对应的等效可利用小时数也会相应提高。可见单位千瓦造价低的方案也未必可以获得高投时比。若已知最敏感发电量所对应的等效可利用小时数，计算不同总

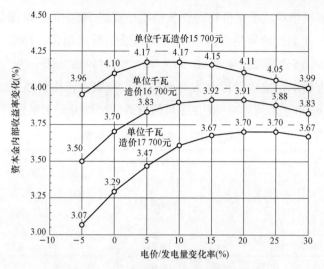

图 4-9 不同造价机组的收益率变化速度

投资单位千瓦造价的投时比，结果见表 4-18。计算得到单位千瓦造价 16 700 元/kW 方案的投时比最小，经济性最佳。求得不同单位造价机组方案的投时比平均值为 5.09，该数值最接近 17 700 元/kW 投资下的"投时比"，这与海上风电项目近几年的单位千瓦造价 17 500 元/kW 比较接近。

表 4-18 不同总投资单位千瓦造价下的投时比计算

总投资单位千瓦造价 （元/kW）	最敏感发电量对应的 等效可利用小时数（h）	最敏感发电量 （万 kWh）	投时比	平均值
15 700	3045.93	92 337.26	5.15	
16 700	3329.27	100 926.77	5.02	5.09
17 700	3470.94	105 221.53	5.10	

6. 竞争方案优化方法

依据计算得到的收益率进行多个机型方案比选，对收益率高的机型，整机厂商可能会通过基础优化、提升发电量、机组降价等市场策略提升该机型的竞争力。采取的分析策略是根据初始计算出的各方案收益率，选出经济性最好的几种机型进行分析，通过对若干个可优化的不确定因素指标进行方案优化，提升其收益率至初始计算最优方案的收益率持平。

案例 1：一个项目 C，已知方案乙的资本金内部收益率 27.28%，方案甲的资本金内部收益率 29.14%（最优方案），那么为了弥补这 1.86% 的收益率差距，方案乙机组单位千瓦价格需要从初始计算的 7600 元/kW 降低至多少？

首先通过方案乙的敏感性分析，大致知道基准机组价：7600 元/kW 降低 10%，资本金财务内部收益率为 29.03%，比 29.14% 还要低一些。若通过降价的方式提升收益率，使收益率和方案甲持平，方案乙机组价格要跌出 7600×（1−10%）=6840（元/kW）。该项目 C 的财务敏感性分析结果见表 4-19。

表 4-19 项目 C 的财务敏感性分析成果表

基准方案信息	不确定因素	不确定因素的变化率（%）	项目投资财务内部收益率（所得税前）（%）	资本金财务内部收益率（%）	收益率变化（%）	敏感度系数
基准方案			12.38	27.28		
基准机组价：7600 元/kW	机组价格变化	−10	12.93	29.03		
		−5	12.65	28.13	−0.90	−0.180
		0	12.38	27.28	−0.85	−0.170
		5	12.13	26.45	−0.83	−0.166
		10	11.89	25.66	−0.79	−0.158
基准基础造价：2213.14 万元/座	基础造价变化	−10	12.62	28.02		
		−5	12.50	27.65	−0.37	−0.074
		0	12.38	27.28	−0.37	−0.074
		5	12.27	26.91	−0.37	−0.074
		10	12.16	26.55	−0.36	−0.072
基准上网电量：67 672 万 kWh	电价或发电量变化	−10	11.33	23.78		
		−5	11.86	25.55	1.77	0.354
		0	12.38	27.28	1.73	0.346
		5	12.90	28.96	1.68	0.336
		10	13.42	30.60	1.64	0.328

将资本金收益率与不确定因素变化率的对应关系绘出，如图 4-10 所示。例如，通过优化排布等方式提升发电量来提升项目收益率，电价或发电量变动幅度可以通过前面介绍的线性求解法（敏感度系数为曲线的斜率）进行计算：

$$电价或发电量变动幅度 = 10\% - \frac{30.6\% - 29.14\%}{0.328} = 5.55\%$$

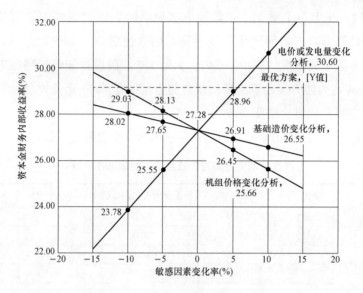

图 4 - 10　项目 C 的敏感性分析图

类似地，求出机组降价幅度和基础造价优化幅度，结果如表 4 - 20 所示。通过模型计算也可以得出较为一致的结果。一般来说，需要针对某机型方案最可能优化的若干不确定因素扩大其敏感性分析区间，比如机组价格或基础造价，从基准的 -10% ～ +10%，扩大到 -20% ～ 20%，甚至 -30% ～ 30%。对机组价格、发电量、基础造价的单个不确定因素进行优化，方案乙的优化目标是达到与方案甲的收益率持平（收益率差值为 0）。

表 4 - 20　　　　　　　　　　方案乙的优化结果汇总

优化项目	变化量	变化后数值	变化率（%）	优化后方案乙与基准方案甲的收益率差值
机组价格（元/kW）	-805	6795	-10.59	
发电量（万 kWh）	3756	71 428	5.55	0%
基础造价（万元）	-538.14	1675	-24.32	

注　基准方案甲的收益率为 29.14%，基准方案乙的收益率为 27.28%。

现实中，未必所有的优化策略都能被采纳，例如方案乙的基础优化已经到了极限，造价已经难以达到下降 24.32% 之多，那么该策略就可能被摒弃，不再投入人力物力去做优化，其他不确定因素同理。这种分析策略的优点是可以得出单个不确定因素的优化结果。但实际上，不确定因素本身存在优化空间，只是空间不能完全满足方案乙的竞争力需要。

案例 2：在上一个案例中，假设方案甲临时发生改变，比如调整机组价格，需要计算方案乙如何优化其他不确定因素使之与方案甲收益率持平。例如：已知方案甲的基准估算价格为 7699 元/kW，假设得知其价格临时调整为 7800 元/kW，为使方案乙机组最优使之与方案甲在 7800 元/kW 下的收益率持平，那么方案乙机组价格变动应为多少？

首先将甲、乙两个方案机组价格的敏感因素分析表列出，如表 4 - 21 所示。

表 4 - 21 　　　　　项目 C 两个方案进行机组价格的敏感性分析

不确定因素	变化率（%）	变动后机组价格（元/kW）	资本金财务内部收益率（%）	收益率变化（%）	敏感度系数
方案乙机组价格变化	−10	6840	29.03		
	−5	7220	28.13	−0.90	−0.180
	0	7600	27.28	−0.85	−0.170
	5	7980	26.45	−0.83	−0.166
	10	8360	25.66	−0.79	−0.158
方案甲机组价格变化	−10	6929	30.95		
	−5	7314	30.03	−0.92	−0.184
	0	7699	29.14	−0.89	−0.178
	5	8084	28.29	−0.85	−0.170
	10	8469	27.47	−0.82	−0.164

绘出方案甲、乙的资本金收益率对应机组价格变化率的曲线，如图 4 - 11 所示。

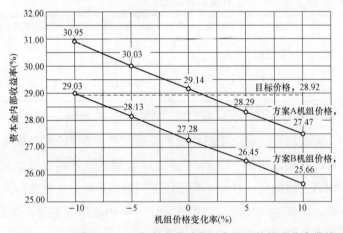

图 4 - 11 　方案甲、乙的资本金收益率对应机组价格变化率曲线

第一步判断出方案甲在 7800 元/kW 下，属于 0%～5%之间的变动，利用线性求解法计算出 28.92%。具体计算过程如下：

$$价格变化率 = \frac{7800 - 7699}{7699} = 1.31\%$$

$$内部收益率 = 29.14\% - 0.17 \times 1.31\% = 28.92\%$$

这个问题跟前面的案例非常类似，也是已知敏感度系数和收益率去求解不确定因素的变化率。首先，判断 28.92%的收益率区间对应在方案乙机组的敏感区间 -10%～-5%之间，敏感度系数为 -0.18，求出相对基准价格 7600 元/kW 的价格下降比例为 9.39%。然后同样利用线性求解法，计算出方案乙机组此时的价格为 6886.36 元/kW，加上塔筒的单位千瓦价格，最终得出含塔筒的机组价格。具体计算过程如下：

$$价格变动幅度 = -10\% + \frac{29.03\% - 28.92\%}{0.18} = -9.39\%$$

方案乙机组价格(不含塔筒) = 7600 × (1 - 9.39%) = 6886.36(元/kW)

上述两个案例针对单个不确定因素进行分析，均在数值计算中运用了敏感度系数和线性求解法。实际上可以基于竞争对手多个不确定因素优化的变动，计算出其综合优化后的收益率，然后利用该收益率进行求解出目标方案机组的各不确定因素需优化的幅度。

在现实中有些敏感因素的优化幅度有限，例如发电量可提升的最大幅度为 3%，那么需要对计算进行限制（这可以理解成在发电量敏感性分析图上画一条与横轴垂直的 +3% 临界线，不考虑那些超过该临界线的解）。在发电量优化达到极限之后，再去考虑优化其他因素，一般来说，机组制造厂商会将机组降价放在最后。

敏感性分析的目的就是基于有限的资料，可优化的资源，为满足决策或定价需要，根据项目的参与竞争程度，通过线性求解法进行数值计算，并提供参考意见。

4.4　决策结构与评价方法

合理的投资决策过程通常分为两个步骤：首先，进行绝对经济效果检验，可用上述章节介绍的财务评价指标和敏感性分析方法来分析备选方案经济上的可行性；其次，在多个可行的备选方案中，通过经济性的比较来选择经济上最优的方案，称之为相对经济效果检验。前者是解决方案可行性的问题，即回答各方案在经济上是否可以接受，例如：净现金流、收益率、回收期、节能和环境效益是否达到预期；后者是解决方案的优化选择问题，即通过对方案经济性的比较，选择在经济上最为有利的可行方案。

4.4.1　决策类型

根据备选方案间的关系不同，决策结构的类型也有所不同，基本可分为独立型和互斥型两大类。

独立型，是指各方案的现金流量相互独立，经济上互不相干，且任一方案的采用与否都不影响其他方案是否采用，则称这些方案是相互独立的。如，投资商或开发商同时投资或开发多个海上风电项目，可以选择其中一个方案，也可选择其中两个或三个方案，方案之间的效果与选择不受影响，互相独立。独立方案的财务评价较为简单。各方案的采用与否只取决于方案自身的经济性，故只需对各方案进行"绝对经济效果检验"，即只需检验各方案的净现值、内部收益率、资产负债率、利息备付率、投资回收期等指标是否满足评价标准。若方案满足要求，则视其为"绝对经济效果检验"通过，应予以接受；否则，予以拒绝。在某些情况下甚至可一票否决，即只要有一个指标不达标，整个方案就被否决。多个独立方案的决策与单一方案的决策方法相同，单一方案的决策可以视为独立方案的特例。

在现实中，常会遇到各方案之间存在一定经济或技术联系的情况。如果接受（或拒绝）某一方案，会显著改变其他方案的现金流量，或者接受（或拒绝）某一方案，会影响对其他项目的接受（或拒绝）时，称这些方案为相关型。相关型包括互斥型、互相依存型、完全互补型、现金流相关型、资金约束相关型和混合相关型。在海上风电项目中，最常见相关型主要为互斥型。

由于经济、技术或规划等方面的原因，各方案当中至多只能选择一个，即各方案之间是互相排斥的，采用其中一个方案，就不能采用其他方案，这样的相关方案被称为互斥型。如，江苏某海域内规划 300MW 规模的海上风电场开发，开发商可采用的电力传输方案有海上升压站和陆上升压站两种，只能选择其中之一来建设。

4.4.2 增量分析法

对于互斥方案，可在计算增量的基础上评价增量投入的经济效果，进而作出方案比选的决策，这就是增量分析法。如，投资商对投资额不等的互斥方案进行比选，就要判断投资额大的方案相比投资额小的方案所增加的投资（即增量投资或称差额投资）是否会带来满意的增量收益，也就是要判断增量投资的经济合理性。若增量投资能带来满意的增量收益，则这笔增量投资在经济上是有利的，投资额大的方案更优；若增量投资不能带来满意的增量收益，则显然投资额小的方案更优。例如，300MW 海上风电项目比 200MW 项目的投资额更大，但如果增量投资能带来更满意的增量收益，则投资额相对更大的 300MW 方案更优。

在海上风电项目方案必选时采用相等的寿命期，一般以 2 年或 3 年建设期和 25 年运营期为基础进行计算。净现值、净年值、内部收益率、效益费用比、投资回收期等评价指标均可用于增量分析。

4.5 财务报表编制

进行海上风电项目财务评价和资金规划与分析，需要先编制各种基础财务报表，再基于财务报表进行静态指标和动态指标的计算。各项基本财务报表与对应评价指标的关系详见表 4-22。如，基于投资现金流量表、资本金现金流量表、利润和利润分配表可进行净现值、内部收益率以及投资回收期等指标的计算，以反映项目发电效益和盈利能力；基于借款还本付息计划表、资产负债表可进行资产负债率、利息备付率、偿债备付率、借款偿还期的计算，以反映项目清偿能力。

表 4-22　　　　　　　　　财务基本报表与对应评价指标的关系

评价内容	财务基本报表	评价指标	
		静态指标	动态指标
基本生存能力分析	财务计划现金流量表	净现金流量 累计盈余资金	—
盈利能力分析	投资现金流量表	投资回收期 净现金流量	内部收益率（IRR） 净现值（NPV）

续表

评价内容	财务基本报表	评价指标	
		静态指标	动态指标
盈利能力分析	资本金现金流量表	—	资本金收益率 资本金净现值
	利润和利润分配表	投资收益率 资本金净利润率 投资利润率	—
清偿能力分析	借款还本付息表	借款偿还期 利息备付率 偿债备付率	—
	资产负债表	资产负债率	—

4.5.1　利润和利润分配表

利润可直接反映海上风电项目效益。根据上网电量、上网电价、总成本费用和税金等，编制海上风电项目在建设期和运营期各年份的营业收入及利润。通过可以方便地计算出投资收益率、投资利润率和资本金净利润率等指标。

1. 营业收入计算

海上风电项目的营业收入主要为售电收入：

$$营业收入（售电收入）＝上网电量×上网电价（含税）$$

式中　上网电量——在设计电量中扣除各种损耗之后的电量，kWh。

2. 利润计算

（1）利润总额。

利润总额，指扣除销售税金及附加、总成本费用及应税补贴收入后的剩余部分。计算公式如下：

$$利润总额＝发电销售收入－销售税金及附加－总成本费用$$
$$＋补贴收入（应税）$$

式中：销售税金及附加，指由增值税、城市维护建设税和教育税附加。

（2）税后利润。

税后利润，指利润总额扣除以前年度亏损和所得税后的剩余部分。计算公式如下：

$$税后利润＝利润总额－弥补以前年度亏损－所得税$$

112

所得税＝应纳税所得额×税率＝（利润总额－弥补以前年度亏损）×税率

目前，海上风电项目所得税享受"三免三减半"政策扶持，即取得第一笔营业收入起三年内所得税减免，四至六年所得税减半支付。

（3）可分配利润与未分配利润。

税后利润提取10%的法定盈余公积金后，剩余部分为可分配利润；再扣除支付给投资者的应付利润，即为未分配利润

可分配利润＝税后利润－提取法定盈余公积金

未分配利润＝可分配利润－应付利润

3. 计算示例

表4-23是东部某200MW海上风电项目利润与利润分配表，此处仅显示了部分年份的数据。以第12年为例，各项计算如下。

表4-23　　　　东部某200MW海上风电项目利润与利润分配表　　　（万元）

序号	项目	合计	建设期		经营期			
			第1年	第2年	第3年	…	第11年	第12年	…
	装机容量（MW）		0	60	200	…	200	200	…
	年上网电量（万kWh）	1 304 142	0	15 464	51 547	…	51 547	51 547	…
	含税上网电价（元/kWh）		0.85	0.85	0.85	…	0.85	0.85	…
1	发电销售收入（含税）	1 108 521	0	13 145	43 815	…	43 815	43 815	…
1.1	电量销售收入	1 108 521	0	13 145	43 815	…	43 815	43 815	…
1.2	销售收入	0	0	0	0	…	0	0	…
2	补贴收入	99 314	0	1910	6366	…	3183	3183	…
3	销售税金及附加		0	2101	7003	…	7003	7003	…
3.1	增值税	161 067	0	1910	6366	…	6366	6366	…
3.2	城市维护建设税和教育费附加	16 107	0	191	637	…	637	637	…
4	总成本费用	607 415	0	8472	31 728	…	28 068	27 245	…
5	利润总额	423 246	0	4481	11 450	…	11 927	12 750	…
6	弥补亏损（5年以内）	0	0	0	0	…	0	0	…
7	所得税	94 271	0	0	0	…	2982	3187	…

续表

序号	项目	合计	建设期		经营期			
			第1年	第2年	第3年	…	第11年	第12年	…
8	税后利润	328 975	0	4481	11 450	…	8946	9562	…
9	盈余公积金（储备基金）	32 897	0	448	1145	…	895	956	…
10	可供分配利润	296 077	0	4033	10 305	…	8051	8606	…
11	应付利润	478 682	0	3227	24 462	…	22 208	22 763	…
12	未分配利润	−182 604	0	807	−14 157	…	−14 157	−14 157	…
13	息税前利润	525 000	0	7541	23 787	…	17 685	17 685	…

（1）上网电量 51 547kWh，上网电价 0.85 元/kWh，当年发电销售收入（含税）为：

$$51\ 547 \times 0.85 = 43\ 815（万元）$$

（2）增值税为：

$$43\ 815 \times 17\% / (1 + 17\%) = 6366（万元）$$

已知总成本费用为 27 245 万元，城市维护建设税和教育税附加为 637 万元，当年的补贴收入为 3183 万元，利润总额为：

$$43\ 815 - 6366 - 637 - 27\ 245 + 3183 = 12\ 750（万元）$$

（3）利润总额弥补上年亏损 0 万元后，当年利润为：

$$12\ 750 - 0 = 12\ 750（万元）$$

（4）按照 25% 税率计算所得税为：

$$12\ 750 \times 25\% = 3187.5（万元）$$

税后利润：$12\ 750 - 3187.5 = 9562.5（万元）$

（5）提取 10% 盈余公积金后，剩余为可分配利润为：

$$9562.5 - 9562.5 \times 10\% = 8606.25（万元）$$

4.5.2 现金流量表

1. 投资现金流量表

项目投资现金流量表反映海上风电项目基本方案实施过程的现金流量，用于不考虑债务条件的融资前分析；资本金现金流量表用于融资后分析。通过该表可以方便地计算出投资回收期、内部收益率和净现值等指标，从而反映海

114

上风电项目的盈利能力。可根据现金流量表进行所得税前现金流量的分析和所得税后净现金流量的分析，前者主要针对政府投资的项目，后者常用于企业投资的项目。发电企业主要根据税后净现金流量计算的净现值进行投资决策。

（1）现金流入计算。

现金流入＝不含税销售发电收入＋补贴收入＋回收固定资产余值＋回收流动资金

（2）现金流出计算。

现金流出＝固定资产投资＋流动资金＋经营成本＋销售税金附加＋调整所得税

　　调整所得税＝息税前利润×25％＝（利润总额＋利息支出）×25％

　　调整所得税计算的时候使用息税前利润。

（3）计算示例。

表 4-24 是东部某 200MW 海上风电项目投资现金流量表。以第 11 年为例，各项计算如下：

1）已知当年息税前利润为 17 685 万元，调整所得税为：17 685×25％≈4421（万元）。

2）净现金流量为：40 632－13 174＝27 458（万元）。

3）累计净现金流量为：27 458－15 912＝11 546（万元）。

4）所得税前净现金流量为：27 458＋4421＝31 879（万元）。

5）所得税前累计净现金流量为：31 879＋35 328＝67 207（万元）（表格中的过程数据包含小数，求和后四舍五入为 67 208 万元）。

表 4-24　　　　　东部某 200MW 海上风电项目投资现金流量表　　　　　（万元）

序号	项目	合计	建设期		经营期			
			第 1 年	第 2 年	第 3 年	…	第 11 年	第 12 年	…
	装机容量（MW）		0	60	200	…	200	200	…
1	现金流入	1 056 524	0	13 145	43 815	…	40 632	40 632	
1.1	不含税发电销售收入	947 454	0	11 235	37 449	…	37 449	37 449	
1.2	补贴收入	99 314	0	1910	6366	…	3183	3183	…
1.3	回收固定资产余值	8757	0	0	0	…	0	0	…
1.4	回收流动资金	1000	0	0	0	…	0	0	…

续表

序号	项目	合计	建设期		经营期			
			第1年	第2年	第3年	…	第11年	第12年	…
2	现金流出	661 812	203 338	92 474	12 084	…	13 174	13 174
2.1	固定资产投资	291 900	203 338	88 563	0	…	0	0
2.2	流动资金	1000	0	696	303	…	0	0
2.3	经营成本	221 556	0	1139	5197	…	8116	8116
2.4	销售税金及附加	16 107	0	191	637	…	637	637
2.5	调整所得税	131 250	0	1885	5947	…	4421	4421
3	净现金流量(税前)	525 962	−203 338	−77 445	37 678	…	31 879	31 879
4	累计净现金流量(税前)	528 881	−203 338	−280 782	−243 104	…	35 328	67 208
5	净现金流量(税后)	396 901	−203 338	−79 330	31 731	…	27 458	27 458
6	累计净现金流量(税后)	396 901	−203 338	−282 668	−250 936	…	−15 912	11 546

在海上风电项目进入正常运营期，现金流入、现金流出以及每年的净现金流量都趋于稳定。从第12年起，项目的累计净现金流由负转正，这个拐点是后续进行投资回报期计算的关键点。

2. 资本金现金流量表

资本金是项目投资者的自有资金，因此项目资本金现金流量表多用于融资后分析。该表从投资者的角度出发，基于投资者的出资额进行计算，以借款本金偿还和利息支付作为现金流出，用于计算资本金净现值、资本金净利润率、资本金内部收益率等评价指标，考察项目资本金的盈利能力，是取舍融资方案的重要依据。表4-25是东部某200MW海上风电项目资本金现金流量表。项目在第17年完成最后一笔为16 785万元的借款本金偿还和822万元的借款利息支付。

表4-25　　　　东部某200MW海上风电项目资本金现金流量表　　　　（万元）

序号	项目	合计	建设期		经营期			
			第1年	第2年	第3年	…	第11年	第17年	…
	装机容量（MW）		0	60	200	…	200	…	200	…
1	现金流入	1 055 824	0	13 145	43 815	…	40 632	…	40 632	…
1.1	不含税发电销售收入	947 454	0	11 235	37 449	…	37 449	…	37 449	…

序号	项目	合计	建设期		经营期				
			第1年	第2年	第3年	…	第11年	…	第17年	…
1.2	补贴收入	99 314	0	1910	6366	…	3183	…	3183	…
1.3	回收固定资产余值	8757	0	0	0	…	0	…	0	…
1.4	回收流动资金	300	0	0	0	…	0	…	0	…
2	现金流出	746 551	41 888	22 660	34 993	…	34 314	…	31 707	…
2.1	资本金	60 131	41 888	18 244	0	…	0	…	0	…
2.2	借款本金偿还	251 770	0	0	16 785	…	16 785	…	16 785	…
2.3	借款利息支付	101 754	0	3060	12 337	…	5757	…	822	…
2.4	流动资金利息支付	962	0	26	37	…	37	…	37	…
2.5	经营成本	221 556	0	1139	5197	…	8116	…	9575	…
2.6	销售税金及附加	16 107	0	191	637	…	637	…	637	…
2.7	所得税	94 271	0	0	0	…	2982	…	3851	…
3	净现金流量	309 273	−41 888	−9515	8822	…	6318	…	8924	…

4.5.3 资产负债表

海上风电项目的清偿能力分析主要反映项目偿还贷款的能力，是银行贷款发放决策的主要参考依据。根据资产负债表可直接计算得到项目各年的资产负债率。表4-26是东部某200MW海上风电项目资产负债表，可见项目在建设期资产负债率较高，随着项目投产发电，资产负债率之后逐年下降，当第17年长期借款清偿完毕后，项目资产负债率大为降低。基于资产负债表和借款还本付息计划表可进行清偿能力的指标计算。

表4-26   东部某200MW海上风电项目资产负债表   （万元）

序号	项目	合计	建设期		运营期			
			第1年	第2年	第3年	…	第16年	第17年	…
1	资产	3 230 921	206 133	291 197	261 535	…	74 599	60 504	…
1.1	流动资产总值	−35 617	2795	3544	−11 961	…	−14 854	−14 792	…
1.1.1	流动资产	−221 175	400	400	−11 961	…	−14 854	−14 792	…
1.1.2	累计盈余资金		2395	3144	0	…	0	0	…
1.2	在建工程	291 900	203 338	88 563	0	…	0	0	…

序号	项目	合计	建设期		运营期			
			第1年	第2年	第3年	…	第16年	第17年	…
1.3	固定资产净值	2 974 638	0	199 091	273 496	…	89 453	75 296	…
1.4	无形及递延资产净值	0	0	0	0	…	0	0	…
1.5	其他	0	0	0	0	…	0	0	…
2	负债及所有者权益	−51 104	213 543	271 269	235 141	…	−166 560	−197 502	…
2.1	流动负债总额	229 575	0	0	12 361	…	15 254	15 192	…
2.2	长期借款	2 185 816	171 655	251 770	234 985	…	16 785	0	…
	负债小计（2.1＋2.2）	241 5391	171 655	251 770	247 347	…	32 038	15 192	…
2.3	所有者权益	−2 466 495	41 888	19 499	−12 206	…	−198 599	−212 694	…
2.3.1	资本金	60 131	41 888	18 244	0	…	0	0	…
2.3.2	资本公积金	0	0	0	0	…	0	0	…
2.3.3	累计盈余公积金与公益金	20 407	0	448	1145	…	1094	1155	…
2.3.4	累计未分配利润	−2 547 033	0	807	−13 351	…	−199 692	−213 850	…
	资产负债率（%）		0.832 7	0.864 6	0.945 8	…	0.429 5	0.251 1	…

4.6 社会环境评价

4.6.1 节能减排效果

海上风电项目节能减排效果评价，是参考国家现行法律法规和技术标准，结合项目节能方案措施，对海上风电项目在建设期和运营期的节能减排效果进行综合评估。

燃煤火电所消耗的资源主要是煤炭和水，所产生的污染物主要包括二氧化硫 SO_2、氮氧化合物 NO_x、二氧化碳 CO_2、烟尘等大气排放物，以及废水、灰渣等。SO_2 是燃煤火电的首要污染物，是酸雨的主要来源；NO_x 是煤电的第二大污染物，是产生化学烟雾的主要原因；CO_2 的排放造成温室效应，导致全球气候变暖；烟尘则是大气悬浮物的主要成分。这些污染物和废气的排放会危害人类健康，破坏生态平衡。海上风电作为一种可再生的清洁能源，在提供能源的同时几乎不排放 SO_2、NO_x、CO_2、烟尘及其他有害物质，节能效益和环境效益显著。

海上风电的节能效益主要体现在风电场运行过程中不需要消耗其他常规能源。环境效益主要体现在风电场运行过程中几乎不排放污染物、有害气体，亦无需消耗水资源。由于目前燃煤火电在我国能源结构中仍占据主导地位，因此通过对照比较，可将产出同等电量所节约的燃煤火电能耗、减少的污染物排放量值以及节约用水量作为海上风电的节能效益和环境效益指标。

1. 节约标准煤与节约用水量

海上风电项目年节约标准煤为：

年节约标准煤＝年上网电量(kWh)×燃煤火电标准煤耗(g/kWh)

可直接从相关行业部门发布的分析报告或统计报表等处获得权威的全国综合燃煤火电标准煤耗值，作为计算的基础数据。为保证此数据的统一性、连续性和实时性，标准煤耗指标值应选取行业主管部门定期发布的，基于相同统计原则所确定的数值。可从中国电力企业联合会（中电联）每年定期发布的全国电力工业统计快报中获取相应的年度供电煤耗指标。如，燃煤火电标准煤耗按360g/kWh 进行计算，年上网电量 71 015 万 kWh 的海上风电项目，可当年节约标准煤 25.565 4 万吨。

海上风电项目年节约用水量为：

年节约用水量＝年上网电量(kWh)×燃煤火电标准耗水量(m^3/kWh)

如，式中，取燃煤火电标准耗水量为 $2.9 \times 10^{-3} m^3$/kWh，年上网电量 71 015 万 kWh 的某海上风电项目当年可节约用水量 205.944 万 m^3。

2. 污染物减排量

海上风电单位电量的污染物减排量等于燃煤火电标准煤耗与污染物排放率的乘积，即：

单位电量污染物减排量＝燃煤火电标准煤耗×污染物排放率　　（4-1）

式（4-1）计算时，燃煤火电标准煤耗单位为 g/kWh；可取燃煤火电标准煤耗的 SO_2 排放率为 8.8kg/t，NO_x 排放率为 7.7kg/t，CO_2 排放率为 1731kg/t，烟尘排放率为 58kg/t，灰渣排放率为 333kg/t。

由此可进一步得出海上风电项目年污染物减排量为：

$$年污染物减排量=年上网电量×燃煤火电标准煤耗×污染物排放率$$

$$(4-2)$$

式中，年上网电量单位为 kWh；燃煤火电标准煤耗单位为 g/kWh；污染物排放率单位为 kg/t。如，年上网电量 71 015 万 kWh 的海上风电项目，燃煤火电标准煤耗按 360g/kWh 进行计算，当年减少 SO_2 排放量 2249.755t，NO_x 减排量 1968.536t，CO_2 减排量 44.254 万 t，烟尘减排量 1.483 万 t，灰渣排放量 8.513 万 t。

4.6.2 其他社会效益

1. 推动并促进当地和周边地区国民经济的全面发展

海上风电项目的建设和运营，为地方开辟新的经济增长点，对于带动如交通物流、设备制造、旅游业等当地或周边地区相关产业的发展起到积极作用，对扩大就业和发展第三产业起到一定的促进作用，推动并促进当地和周边地区国民经济的全面发展和社会进步。

2. 对促进电源结构调整和社会可持续发展起到积极作用

在低碳和可持续发展的目标下，中国亟待扩大可再生能源在发电结构中的占比。海上风电以其资源丰富、发电利用小时数高、不占用土地、不消耗水资源、适宜大规模开发、可直接向东部沿海地区电网供电以减轻主网的潮流输送压力等特点，成为能源结构转型的有效着力点，促进电力一次能源的多样化转型和社会的可持续发展。

3. 提升我国高端装备制造业的综合实力

除此之外，海上风电项目的开发和建设，可有效驱动我国大型风力发电机组和其相关产业的研发投入，提高国产化水平，对提升我国高端装备制造业的核心竞争力具有十分重要的现实意义。

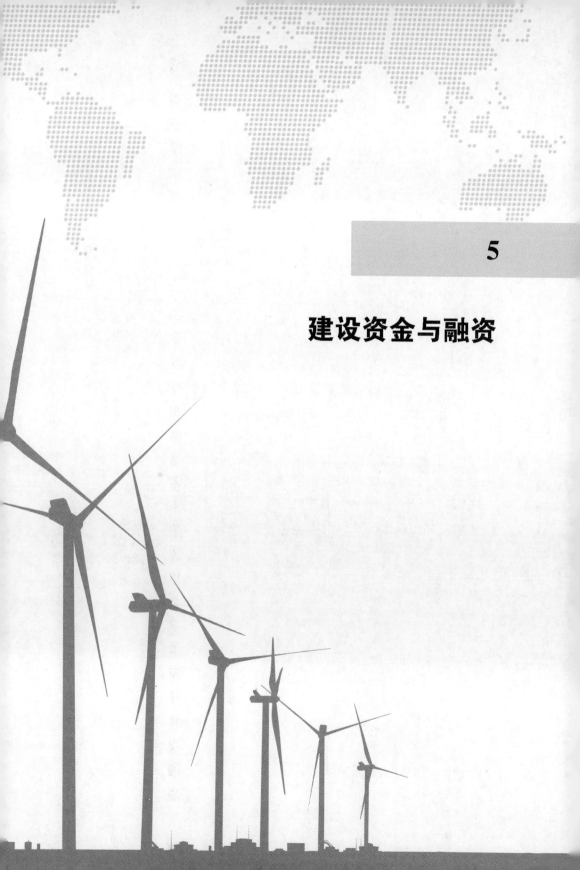

5

建设资金与融资

5.1 资金的时间价值

资金是在商品经济中劳动资料、劳动对象和劳动报酬的货币表现，也是国民经济各部门中财产和物资的货币表现。资金的价值与时间因素密切相关。资金时间价值，也称货币时间价值，是指资金经过一定时间的投资和再投资所增加的价值，表示当前所持有的一定量货币比未来获得的等量货币具有更高的价值。从量的规定性来看，货币的时间价值是没有风险和没有通货膨胀下的社会平均资金利润率。在计量货币时间价值时，风险报酬和通货膨胀因素不应该包括在内。

因此，项目投资要充分考虑并利用资金的时间价值，争取最大限度增值。这就要求投资者除了要选择收益率较高的项目外，还要选择合适的方案以加速资金周转速度，早日实现资金回笼。

按照是否考虑资金的时间价值，技术经济分析中的很多方法被区分为两类：一类不考虑资金的时间价值，被称为静态分析方法；另一类考虑资金的时间价值，被称为动态分析方法。静态分析方法计算简单、易于理解和使用，但无法确定项目在整个寿命期内的经济性。因此，在海上风电场工程技术经济分析中，主要采用考虑资金时间价值的动态分析方法。

5.2 资金等值计算

5.2.1 资金等值

资金等值，指在考虑时间维度的情况下，一笔资金与不同时点绝对值不等的另一笔资金，按某一利率，换算至某一相同时点时，可能具有相等的价值。最常举的例子就是，现在的 100 元并不是一年后的 100 元，而也许是一年后的 110 元。虽然看起来在数额上并不相等，但假设将这 100 元存入银行，年利率为 10% 的情况下，则现在存入的 100 元在一年后的本利即即为 $100 \times (1 + 10\%) = 110$ 元，故称两者是等值的。

在工程建设项目技术经济分析中，常采用流程图来反应资金在项目寿命周期内的流入流出情况。在资金时间价值的计算中，资金等值是一个十分重要的概念。

5.2.2 影响因素

影响资金等值的因素有三个，即资金金额大小、资金发生的时间、利率或折现率的大小，它们也是构成现金流量的三要素。在工程方案比较中，受资金时间价值的影响，各方案在不同时间点上发生的现金流量不能直接进行比较，而利用等值的概念，则可以将一个时点发生的资金额换算成另一时点的等值金额，就解决了这一问题。这个转换的过程，叫资金等值计算。进行资金等值计算需要确定项目计算基期、计算期及利率。

1. 计算基期

工程项目的投资一般在建设期投入，而运营费用及收入却在工程进入运营阶段才会产生。在技术经济分析中，为了便于纵向分析和比较，并解决投资、运营费用和收入在时间上的不一致问题，计算必须基于同一时间基础，因此需要引入计算基期的概念。

理论上讲，计算基期的取值并不会影响折算后相对值的比较，对项目评价并无影响，因此理论上，计算基期可以是项目时间轴上的任意时点。但是，考虑到计算习惯和便捷性，在技术经济分析中，一般以项目开工的第一年作为计算基期，并且在计算过程中，计算基期不再改变。此外，若进行方案间技术经济性比较时，各方案必须选择共同的计算基期。在海上风电场项目技术经济分析中，通常选择项目建设期第一年作为计算基期。

2. 计算期

工程项目的建设与运营都是一个长期的过程，存在时间上的延续。投资者的资金投入与回收也存在时间上的先后顺序，为了更加客观地评价工程项目的经济性，必须明确在整个项目计算期内发生的资金收支金额，以及收支时间。

在技术经济分析中，项目计算期是指项目从投资建设开始到清理结束为止的整个过程全部时间，通常以年为单位，分为建设期和运营期两个阶段，则：

项目计算期＝项目建设期＋项目运营期

项目计算期的设定有助于更好地对项目进行合理的动态分析。项目建设期是指从项目资金正式投入到项目建成投产所需要的时间，可按合同工期或预计的建设进度确定；项目运营期又分为投产期和达产期两个阶段，其中投产期是指项目投入生产，但生产能力尚未完全达到设计能力的过渡时期；达产期是指生产运营达到设计预期水平后直到项目寿命期终止的时期。

3. 利率

利率一般采用年利率，通常用百分数表示。利率的高低直接决定项目资金成本的高低，因此利率是影响项目筹资、投资的决定性因素，在进行海上风电场项目技术经济分析时必须考虑到利率现状或利率预期变动趋势。

5.2.3　相关概念

想要完成资金等值计算，需要了解如下概念。

1. 单利法与复利法

（1）单利法。不考虑利息的时间价值，即不管计息周期数多少，计息基数仅为本金，是从简单的再生产的角度计算经济效果。单利法的利息及本利和计算公式如下：

$$n \text{ 期期末利息} = \text{本金} \times \text{计息期数} \times \text{利率}$$
$$n \text{ 期期末本利和} = \text{本金} \times (1 + \text{计息期数} \times \text{利率})$$

单利法的特点是每期利息相等，本期利息不会被作为下期利息的本金计入，利息总额是任意一期利息与计算期数的乘积。但事实上，如果在银行进行存款活动，在利息不取出的情况下，这部分利息会被计入下一期的本金中，并参与下一期的利息计算。由此可见，单利计息法对资金时间价值的考虑是不充分的，不能完全反应资金的时间价值。

（2）复利法。考虑利息的时间价值，即除最初的本金被用来计算利息之外，每一计息周期所产生的利息也会并入下期本金，作为计息基数来计算下一期的利息，俗称"利滚利"。相较于单利法，复利法可以更为客观地反映资金的活动情况。因此，在技术经济分析中，通常采用可以充分反映资金时间价值的复利法。复利法的期末本利和为：

$$n \text{ 期期末本利和} = \text{本金} \times (1 + \text{利率})^n$$

2. 现值与终值

（1）现值，也称折现值、贴现值，是指对未来现金流量以恰当的折现率折现后的价值，考虑货币时间价值因素，是资金时间价值的逆过程。

当预期的现金收入或支出需要一段时期才可回收或支付，那么这些收入或支出的现值要小于实际回收或支付的金额。间隔的时间越长，现值也就越小。按是否考虑利息的时间价值，现值的计算有单利法和复利法两种，即：

现值（单利法）＝n 期后的终值／（1＋单位计算期利率×计算期）

现值（复利法）＝n 期后的终值／（1＋单位计算期利率）^{n}

（2）终值，又称将来值或本利和，是指某一时点上的一笔资金，按一定的利率折合到将来某个时点上的价值，即全部计息周期的本利和。在一个经济投资运行系统中，终值应恒大于现值。按是否考虑利息的时间价值，终值的计算有单利法和复利法两种，即：

n 期后的终值（单利法）＝当期本金×（1＋单位计算期利率×计算期）

n 期后的终值（复利法）＝当期本金×（1＋单位计算期利率）^{n}

5.3　项目融资

项目融资，是项目投资方根据项目生产、经营的需要，通过融资渠道有效获取其自身建设和生产运营过程中所需资金的财务行为，是项目财务活动的起点，也是项目生存和发展的基本前提。资金来源和方式的不同，会导致其融资的条件、成本和风险也不尽相同。因此，项目资金融资管理的目标就是寻找、比较并最终选择对项目最有利的融资条件、最低的融资成本和最低债务偿还风险的方案。

一般来说，根据融资主体不同，工程建设项目的融资方式可分为既有法人融资和新设法人融资。

5.3.1　既有法人融资

既有法人融资，是以既有法人为融资主体的融资方式。采用既有法人融资方式的建设项目，既可以是技术改造、改扩建项目，又可以是非独立法人的新建项目。

既有法人融资由既有法人发起项目、组织融资活动并承担融资责任和风险，其建设所需的资金，来源于既有法人内部融资、新增资本金和新增债务资金。既有法人融资产生的新增债务资金依靠既有法人整体（包括拟建项目）的盈利能力来偿还，并以既有法人整体的资产和信用承担债务担保。

5.3.2　新设法人融资

新设法人融资，是以新组建的具有独立法人资格的项目公司为融资主体的融资方式。采用新设法人融资方式的建设项目，一般是新建项目，但也可以是将既有法人的一部分资产剥离出去后重新组建新的项目法人的改扩建项目。

采用新设法人融资方式，项目发起人与新组建的项目公司分属不同的实体，项目的债务风险由新组建的项目公司承担，以项目投资形成的资产、未来收益或权益作为融资担保。项目能否还贷，取决于项目自身的盈利能力，因此必须认真分析项目自身的现金流量和盈利能力。

5.4　资金成本与结构

5.4.1　资金成本

项目资金成本是指项目为融资和使用资金而支付给资金所有者的报酬。融资是一种市场交易行为，有交易就会有交易费用，资金使用者为了能够获得资金使用权，就必须支付相关的费用。项目资金成本实际上包括融资费用和资金使用费。

1. 融资费用

融资费用，又称资金筹集成本、资金筹集费，是指在资金筹集过程中发生的各种一次性费用，如发行股票支付的印刷费、发行手续费、律师费、担保费、公证费、广告费等。筹集次数越多，融资费用越高。

2. 资金使用费

资金使用费，又称资金使用成本、资金占用费，是指因使用（占用）资金而需要长期、定期支付的费用，如股票融资向股东支付的股息、红利，发行债券支付的利息，借用资产支付的租金等。资金使用费与所筹集的资金量及使用的时间长短直接相关。

5.4.2　资金结构

资金结构，又称资本结构、融资结构，是指项目筹集资金中权益资金和债务资金的价值构成及其比例关系，即债券和股权的比例关系，是项目筹资组合的结果。项目的融资渠道有很多，将不同渠道筹集的资金按照一定的比例组合起来后就形成了项目的资金结构，是制定项目融资方案的主要任务。资金结构的好坏，很大程度上决定了项目的盈利能力、偿债能力和再融资能力。融资结构会发挥财务杠杆的作用，合理的资金结构可以降低资金成本，帮助项目实现价值最大化。理论上来说，综合资金成本最低、财务风险最小的资金结构是最理想的资金结构。

项目资本金和债务资金的比例，需要由项目各参与方综合评估后平衡决定。项目资金结构中资本金比例越高，债务资金比例越低，项目的财务风险和债权人的风险越小，更容易获得利率较低的债务资金；由于债务资金的利息是在所得税前支付，因此，提高资本金比例可以起到合理减税的作用。项目资金结构中资本金的比例越低，债务资金比例越高，资本金财务内部收益率就越高，同时企业的财务风险和债权人的风险也会越大。

项目的投资者往往希望靠少量的资金投入撬动大量的债务资金，尽可能降低债权人对股东的追索；而提供资金的债权人则希望项目的资本金比例越高越好，以降低债权人的风险。一般在符合国家有关规定和金融机构信贷法规，同时满足债权人资产负债比例要求的前提下，最理想的资金比例是可以同时满足权益投资者获得投资预期的要求、又能较好地防范财务风险的发生。

在海上风电场项目技术经济分析中，会根据每个项目的实际情况来设定资金结构。在计算中遇到的资金结构大致有两种：一种是资本金和债务资金以 3∶7 的比例构成；另一种是资本金和债务资金以 2∶8 的比例构成。

5.5 融资风险

融资风险亦称财务风险，是非系统风险的一种。项目融资风险是指在项目建设或运营过程中，因融资结构或融资方式的变化而导致偿债能力丧失或收益降低的可能性。不同的融资结构和融资方式会存在不同的融资风险。

广义的融资风险包括信用风险、完工风险、生产风险、市场风险、金融风险、政治风险和环境风险。

（1）信用风险，是指项目有关参与方不能按协议履行责任或义务而出现的风险，如银行信用风险等。

（2）完工风险，是指项目无法按期完工或完工后无法达到预期标准而带来的风险，多存在于项目建设期和试运行期。完工风险对项目公司而言，意味着利息支出的增加、贷款偿还期限的延长，还有潜在机会的错失。

（3）生产风险，是指在项目试运行和生产运营阶段中可能发生的技术、资源储量、原材料和燃料供应、生产经营状况等风险因素的总称，主要包括技术风险、资源风险、原材料和燃料供应风险、经营管理风险。

（4）市场风险，是指在一定的成本水平下能否按计划维持产品的质量与产量，以及产品的市场需求量与市场价格波动所带来的风险，主要包括价格风险、竞争风险和需求风险。

（5）金融风险，主要表现在利率风险和汇率风险两个方面。利率风险，是指由于利率变动导致资金成本上升而对项目造成损失的可能性；汇率风险，是指由于汇率变动对项目造成损失或导致项目预期收益难以实现的可能性。项目开发商与投资方必须对金融市场上可能出现的各种变化进行认真地分析和预测，如汇率波动、利率上涨、通货膨胀、国际贸易政策的趋向等，这些不可控的因素会引发难以想象的后果。这一条也是狭义的融资风险。

（6）政治风险，主要表现为国家风险和国家政治、经济政策稳定风险。国家风险，指借款人所在国现存政治体制的崩溃而对项目产品实行禁运、联合抵制、终止债务的偿还等多种因素而影响项目的可能性；国家政治、经济政策稳定性风险，指如税收制度的变更、关税及非关税贸易壁垒的调整、外汇管理法规的变化等对项目带来影响的可能性。多见于国际项目融资。

（7）环境保护风险，指由于未满足环保法规要求而被要求新增资产投入或迫使项目停产等风险。随着世界对自然环境保护的理念越发强烈，此项风险也越来越容易发生。

6

项目风险防范

海上风电与陆上风电相比具有特殊性，有效地防范特定风险，对提高风电机组可利用率、保证发电量、减少作业人员安全隐患都具有重要意义。针对海上风电场的运行特点，本章特别对台风灾害防范、通航安全保障、叶片防护、海上防雷击、海上防腐蚀、海底电缆防护、运营维护与诊断、运维船优选、事故应急预案等方面进行介绍。

6.1　台风灾害防范

我国的东南部海域属于海上台风多发地区，尤其是夏季台风的发生概率高、强度和破坏力大，应密切关注气象部门对台风的预警，特别是7～9月。在台风期间该海域的作业船舶不能出航，对海上风电场的建设安装和运营维护等作业均造成较大的影响。在这些海域进行海上风电场安装建设期间，需要密切关注台风的动向，在台风高发的夏季合理地安排海上作业，切实保障作业船舶和人员财产的安全。

我国的台风预警信号分为四级，分别以蓝色、黄色、橙色和红色表示。台风蓝色预警信号表示24h内可能或者已经受热带气旋影响，沿海或者陆地平均风力达6级以上，或者阵风8级以上并可能持续；台风黄色预警信号表示24h内可能或者已经受热带气旋影响，沿海或者陆地平均风力达8级以上，或者阵风10级以上并可能持续；台风橙色预警信号表示12h内可能或者已经受热带气旋影响，沿海或者陆地平均风力达10级以上，或者阵风12级以上并可能持续；台风红色预警信号表示6h内可能或者已经受热带气旋影响，沿海或者陆地平均风力达12级以上，或者阵风达14级以上并可能持续。

相应地，风电场抗台风险情状态按照紧急程度分为警戒状态、紧急状态和非常紧急状态三类。警戒状态表示风电场所处地域出现超过20年一遇的台风，风电场所属区域未来12h内可能受热带气旋影响，平均风力可达8级（17.2～20.7m/s）以上，或已经受热带气旋影响，平均风力为8～9级（20.7～24.4m/s）。紧急状态表示风电场所处地域出现超过50年一遇的台风，风电场所属区域受热带气旋影响，未来12h内平均风力可达10级（24.5～28.4m/s）以上，或已经受热带气旋影响，平均风力为10～11级（28.4～32.6m/s）。非常紧急状态表示热带气旋将在未来12h内在本风电场所属地线或附近登陆，平均风力 12 级（32.7～36.9m/s）及其以上，或已经受热带气旋影响，平均风力为 12 级及其以上。针对这三类状态分别制定相应的应急管理措施，必要时向政府有关部门求助，当发生大面积停电事故时，及时启动相关大面积停电预案，作业船舶进港避风。

在运营期间，应注意海上风电机组是否设有"台风状态"模式，该模式执行以下操作：机械制动刹车状态，叶轮偏航 90°侧风并锁住，叶尖制动体甩出。与风速大于 25.0m/s 时的"大风保护"模式不同的是，"大风保护"模式叶轮跟踪主风向偏航 90°侧风，"台风状态"模式是叶轮与台风主风向偏航 90°后，不再跟踪变化不稳定的台风风向，叶轮在台风期间固定不动。台风袭击时电网很可能发生故障而停电，风电机组处于失电状态，无法启动控制和通信系统。即使运行控制系统有备用电源，但是电源容量通常较小，也只能用于停电时存储运行状态数据。如果海上风电机组拥有较大容量的备用电源，会有利于在台风过后迅速地恢复运营。

通过购买保险转移风险，风电场运营期间重要险种有财产一切险、财产一切险项下营业中断险、机器损坏险、机器损坏险项下营业中断险、公众责任险、团体人身意外伤害险六种。其中财产一切险、财产一切险项下营业中断险、机器损坏险、机器损坏险项下营业中断险四种保险为设备主要保障险。

其中，财产一切险为因保险单除外责任以外的任何自然灾害或意外事故造成的物质损坏或灭失。该条款保险标的包括风电场房屋及建筑物、机器设备、仓储物、办公用品及其他财产，机器损坏险保险责任为承保机器自身原因，如设计错误、原材料缺陷及工艺不善，或人为操作造成的损失。所以，在运营期只有同时投保财产一切险和机器损坏险，才能获得全面的风险保障。

营业中断保险是依附于财产一切险及机器损坏险的一种扩大的保险。该保险承保风电场由于财产一切险及机器损坏险条款所列的灾害事故的发生而遭受直接损失以后，企业在一定时期内停产、减产或营业中断所造成的间接经济损失，包括预期的利润损失和受灾后在营业中断期间仍需支出的费用的保险。

如，2013 年 9 月，台风"天兔"登陆广东汕尾，重挫某公司汕尾红海湾风电场，造成 8 台风电机组拦腰折断，9 台风电机组叶片受到不同程度的折断，事故中有两台风电机组着火，初步评估给风电场造成的损失接近 1 亿元。由于购买了上述保险，保险公司赔付设备损坏 4000 万～5000 万元，恢复运行的吊装、安装等费用另算，两项加起来约 1 亿元，此外赔付半年的发电量损失 900 余万元（保单约定的最高值）。

6.2 通航安全保障

运维船在进入风电场之前，要根据最新的实时潮汐资料，找到能够保证运维船安全的乘潮水位以及这一乘潮水位下的乘潮时间。只有在乘潮水位和乘潮时间都满足运维船安全航行要求时，运维船才能够进入风电场。及时了解风电场水域的能见度情况，实时接受交管中心关于雾情和交通管制信息，提前采取预防和安全措施。当遇到雾、大风浪、暴雨及能见度不良等恶劣天气，影响船舶进出风电场水域操作安全时，应停止船舶进出风电场。

为了保证船舶航行安全，风电场营运期，需要为船舶安全航行和便利提供类型简单、作用明确、特征明显、易于辨认的海区水上助航标识。可以实施如下具体措施。

（1）在所有风电机组塔筒涂警示色，并在塔身上按顺序用阿拉伯数字标示风电机组编号。

（2）在风电场角点的风电机组塔上设置远射程的警示用航标灯，并增设雷达应答器、AIS 航标，提高在能见度不良天气条件下船舶对风电场的识别，用多系统警示船舶，保障过往船舶安全通过风电场及其附近水域。

（3）在风电场外围风电机组塔上安装远射程的 LED 光带以警示靠近船舶。

（4）风电场营运期间，为了避免发生船舶碰撞风电机组事故，应设置风电场保护区，用灯浮标系统标示风电场保护区域。在场区的八个端点分别设置禁航标识。

海上升压站应准备充足的生活食品、生活用水，通信设备，医疗设备等应急物资；超过一定距离的风电机组塔筒内部也应配备最基本的生活食品、生活用水、通信设备、应急药品等应急物资。同时，应充分了解海域救助工作的主要承担单位和基地所在。例如，东海救助局在连云港设有基地，如果项目距离太远，若出现险情，将会难以及时救助。所以在发生险情后，主要靠当地渔船或施工船进行救助。因此，为了保障通航安全，在项目建设及运营期间，加强与海事部门、当地渔业部门、安全监督部门的联系，海事安全设施与工程同步建设，配备相应的海事安全监督设备，加强应急救援力量。

与直升机电力作业专业公司加强应急救援方面的合作。如，国网通用航空有限公司具有中国民用航空局颁发的甲类经营许可资质及民用机场许可证，现拥有美国贝尔 206B 型、206L‐4 型、407 型、429 型，法国欧直 EC120B 型、AS350B3 型等系列航空器，是目前中国通用航空业最大的直升机电力作业专业公司。

6.3 叶片防护

叶片防雷保护的基本原理是在叶片结构内部构造出一个低阻抗的对地导电通路，避免雷电流流过叶片的本体材料，这样就可以使叶片免遭雷击破坏。每个叶片都配有多组接闪器，每组接闪器分别安装在叶片的两边固定位置处。引下线安装在叶片内腔，采用柔韧的一体式金属导体，提供接闪器到轮毂间的导电通道。引下线将雷电电流安全地引入接地轮毂，从而避免叶片内部雷电电弧的形成。轮毂是金属圆球，具有较大的承载雷电流的能力，雷电流经轮毂流向主轴，在主轴设置金属刷将雷电流引至机舱底架的汇流排。塔筒提供了机舱到地的导通路径，雷电流通过塔筒及塔筒间的连接螺栓或者塔筒连接段上下法兰间的跨接金属装置流入基础，最终顺利地将雷电流导入大地。

目前风电产业界常用聚氨酯树脂制备的涂料涂层体系来保护风电叶片，这种材料具有优良的耐油耐酸性、耐化学药品性和较强的附着力，该材料的柔韧性和耐腐型可为海上风力机叶片对抗雨滴和浪花的冲击提供保障。常见的风电叶片涂层体系包括（价格从低到高排列）：溶剂型环氧厚浆底漆＋聚氨酯面漆、溶剂型聚氨酯底漆＋溶剂型弹性聚氨酯面漆、溶剂型环氧丙烯酸聚氨酯漆、无溶剂聚氨酯底漆＋水性聚氨酯面漆、聚天门冬氨酸酯涂料、胶衣＋无溶剂聚脲底漆＋水性聚氨酯面漆。溶剂型涂料耐老化；聚天门冬氨酸酯目前成本高，工艺不易控制；水性涂料环保，目前成本高。

目前世界上最常用的海上风机叶片涂层配套体系是溶剂型聚氨酯底漆＋溶剂型弹性聚氨酯面漆、水性聚氨酯底漆＋水性聚氨酯面漆。涂层需满足海上防腐蚀的要求，同时起到提高风电叶片可靠性和延长使用寿命的作用。

叶片冰冻防治措施主要有四种：溶液防冰、机械除冰、热能防冰和涂层防冰，前两种属于被动型防冰，后两种属于主动性防冰。溶液防冰的基本原理是利用防冰液（例如乙烯乙二醇、异丙醇、乙醇等）与叶片表面的积液混合，由于混合液的冰点大大降低，使水不易在叶片上结冰。机械防冰的基本原理就是采用机械方法将冰击碎，然后靠气流或者利用离心力、振动去除碎冰。

热物理防冰是利用各种热物理方法，使叶片表面温度超过 0℃ 以达到除冰目的，包括电加热防冰、暖通防冰、微波除冰。涂层防冰是利用叶片特种涂料自身的物理或化学作用，使冰融化或者减少冰与物体表面的连接力，进而防止叶片表面结冰，防冰涂料类型包括丙烯酸类、聚四氟乙烯类、有机硅类等，兼备防水、防腐蚀、电绝缘等功能。

6.4 海上防雷击

海上风电机组按照最严格的防雷等级Ⅰ级进行设计，海上防雷系统的设计标准（例如导体截面、金属板厚度、浪涌保护器的电流能力、对危险火花的间隔距离）需满足更高要求的雷击电流参数。外部防雷系统包括接闪器、引下线、接地装置、外部屏蔽等，内部防雷系统包括内部屏蔽、等电位连接、综合布线、电涌保护器等。对于机组而言，直接雷击保护主要是针对叶片、机舱、塔架防雷，感应雷击保护主要是指过电压和等电位连接。

由于海上雷暴频繁，需在机舱和升压站顶部增加避雷针数量，将雷电流直接导入接地系统。机舱罩同叶片一样，大多数采用非导电性材料制作而成，机舱罩上部内壁安装有雷电屏蔽网，屏蔽网和机架连接，形成起屏蔽作用的法拉第笼。这样能够有效地减少雷电感应的电磁干扰，保护机舱内部的电气设备。内部防雷措施包括将金属机架作为等电位体连接，选择恰当的浪涌保护器抑制过电压，信号电缆和动力电缆需带屏蔽层并隔离铺设。对于沿线路侵入的雷电侵入波的防护，主要靠在机舱和升压站内合理地配置避雷器来保护电气设备。

对于轴承处跨接的防雷保护装置特点包括：每个轴承处分布有数个防雷装置，由于机组尺寸更大，因此布置的总数量比陆地机组要多；采用防雷碳刷、间隙放电板＋防静电刷、间隙放电板＋碳刷等多种方式，防雷碳刷亦需要考虑防盐雾腐蚀的耐腐蚀选材或镀层。

由于海水的电阻率远远低于大多数陆地土壤，海上机组接地电阻存在优势。单桩基础的塔筒直接安装在基础法兰上，基础与海水直接相连构成接地系统。有的接地系统是一个围绕基础的环状导体，布置在距机组基础一定距离的水面或淤泥下。对于重力基础，塔筒通过接地螺栓连接到混凝土基础中的铸钢板上。

受到海上湿气和盐雾的威胁，海上机组的防雷系统应注重防腐蚀处理，包括叶片根部防雷环、齿轮箱防雷环、主轴刹车盘滑动点等处，注意防腐蚀处理不能影响防雷装置的导电性。

6.5 海上防腐蚀

海上风电设备设施（机组和升压站）不同于海上钻井平台或船舶军舰，长年无人值守，受到腐蚀之后无法进行及时的修复和维护。防腐蚀是一个完整的防护体系，一方面需要顶层设计制定总体防腐措施，另一方面针对不同的部件（叶片、电气设备、基础、塔筒等）加强局部防腐，某些部件（例如塔筒外壁）甚至采用多种措施的组合进行防腐蚀。对于金属材料可以采用的防腐蚀方法分为三大类，分别是隔离防腐、电化学防腐和本质防腐。

预留腐蚀余量法和选用耐腐蚀材料属于本质防腐。前者通常应用在某些金属材料腐蚀程度不是很高的环境下，并且很难采用常规防腐蚀的方法，例如在机舱内的联轴器属于高弹性特殊材料，表面无法防腐，可采用预留腐蚀余量法。后者通常需要选择特殊的金属材料以提高设备设施抵抗腐蚀的能力，但是这样会导致材料成木大增，需要评估经济性后选用。机舱的外壳采用玻璃钢材料属于本质防腐，这种材料质量轻、防腐性能好且成本低。

涂层法（含防腐涂料喷涂、金属热喷涂）和镀层法属于隔离防腐，阴极保护法属于金属材料的电化学防腐，这三种方法在海上风电设备设施的防腐蚀应用非常广泛。例如塔筒外壁就综合了金属热喷涂和防腐涂料喷涂方法（形成底漆、中间漆和面漆相互配套的多层复合防腐结构）、阴极保护法等多种方法；发电机定子采用特殊的防腐涂料进行多层的浸渍和喷涂；机舱钢结构支架，机舱和轮毂内部暴露的钢构件以及螺栓螺母等小型构件可采用镀层法。

对于散热量极大的机组箱式变压器和海上升压站主变压器，可采用油浸式变压器以及多级热交换的闭式循环液冷系统，避免了与盐雾接触带来的腐蚀。

此外，涂抹防锈油脂也是一种临时防护金属的方法，主要在运输、加工及装配安装过程中应用。填充防腐润滑油适用于一些机械部件的内部防腐，例如齿轮箱、偏航轴承以及变桨轴承。

对于钢筋混凝土结构的防腐蚀可采用四种保护措施：环氧涂层钢筋、钢筋阻锈剂、阴极保护和钢筋混凝土表面防护涂料。

6.6　海底电缆防护

安装电缆在线综合监测的系统可实时掌握海底电缆的运行情况，如图 6-1 所示。目前国内外已研制出一种基于光纤分析技术的海底电缆在线综合监测系统，可以监测海底电缆所受扰动、应力、温度、故障等多种信息，国内已应用在上海东海大桥一期海上风电场、浙江 110kV 岱山岛 - 衢山岛海底电缆工程。

这种系统利用海底电缆中的多模光纤作为探测温度传感器，通过探测回波信号中拉曼散射强度获得沿光长度上的温度分布，由监控主机进一步对数据进行处理获得电缆的运行负荷。系统可以对危害事件进行报警及定位，对海底电缆的温度关键区域进行实时监测，可集成海事 AIS 系统及其他已有监控装置，搭建海底电缆立体监测平台，为突发事件的责任追索提供第一手证据。还可以根据光纤温

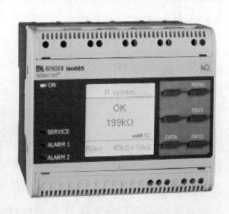

图 6-1　某国外产品可用于监测
海底电缆的绝缘状况

度换算成海底电缆的缆芯温度，并计算对应载流量，使运营维护人员能全面了解海底电缆运行状态，最大限度提高海底电缆的运行效率。

通过设置海底电缆标识牌来保护海底电缆不受外力破坏，可通过在海底电缆路由区域间隔设置浮标及海底电缆警示牌警示过往及作业船舶，同时可以改进浮标警示牌的质量、样式，达到更耐用更具有警示作用的目的。在管道保护区周围设置禁锚标识，提醒过往船舶不得在保护区内锚泊。

根据《海底电缆管道保护规定》的有关规定，海底电缆铺设完成后向有关部门报备并申请划定海底电缆管道保护区。海底电缆管道保护区的范围按照现行规定确定：沿海宽阔海域为海底电缆管道两侧各 500m；海湾等狭窄海域为海底电缆管道两侧各 100m；海港区内为海底电缆管道两侧各 50m。海底电缆管道保护区划定后，应当报送国务院海洋行政主管部门备案，获得法律保护。按照《海底电缆管道保护规定》第八条的规定，禁止在海底电缆管道保护区内从事挖沙、钻探、打桩、抛锚、拖锚、底拖捕捞、张网、养殖或者其他可能破坏海底电缆管道安全的海上作业。

通过与当地开发区政府及当地媒体合作，加强对《电力法》和《电力设施保护条例》的宣传活动，通过举办电力设施保护知识讲座等活动对当地渔民及海底电缆路由区域施工作业人员讲授海底电缆的重要性、典型事故教训及海底电缆保护措施知识，加强有关人员的电力设施保护意识。在组织管理上实施相应措施以减小风险，其中包括加强电缆巡检监控、实施专责人负责的层级管理以及实施安全措施交底工作。

6.7　运营维护与诊断

我国现已投运的海上风电场运营维护模式主要有 3 种：①整机厂家负责维护；②风电场人员负责维护；③第三方专业服务公司负责维护。海上风电场的运营维护策略主要包括三种：定期维护、故障维护和状态维护。定期维护则是根据某些设备的维护需求（如定期更换齿轮箱的润滑油、螺栓力矩测试等）对机组或者某些零部件进行周期性的检查、更换等工作。定期维护间隔时间一般不超过 1 年，所有部件（包括海底电缆）在 5 年时间内至少检查一次。故障维护或事后维护属于被动维修，指的是当风电机组已经出现故障迫使机组停止运行，检修人员采取必要的行动对风电机组进行维修和修复的工作。由于这些故障具有突发性的特点，现场维修工作和运维船需要临时安排，所以这类故障有可能会造成较长的停机时间和较高的损失，例如：变流器电路板或传感器损坏，就可以采用运维船运送人员到现场进行更换；发电机、齿轮箱等大型部件的损坏需要调动大型的运输驳船和起重船进行维修。这类维修工作除了受到可达性和作业窗口影响之外，还受到物流仓库是否有备品备件以及各类船舶是否可以使用的制约。

陆上风电场一般采用定期维护与事后维护相结合的运营维护策略。由于受到气候环境条件的影响，海上的可达性和作业窗口往往受到较大限制，状态维护被认为是最适合海上风电场的运营维护策略。结合传感器和数据采集传输技术，可对海上风电设备和设施进行全方位监测，并在远端（或云端）的服务器上实施远程诊断，可提供关于机组设备健康状态的有用信息，这些技术是实现状态维护的充分和必要条件。例如，通过远程数据分析及时发现机组故障早期征兆及发展趋势，运营维护人员可以合理地安排计划机组设备的检查和维护，根据故障的紧迫性、重要性以及作业窗口安排维护工作，以预防机组健康状况恶化进而造成机组被动停机或大部件更换等事故。此外，状态维护亦可以减少维护人员出海进行巡检的次数，降低维护成本和减少停机时间，提高风电场的经济性。

Supervisory Control and Data Acquisition 系统和状态监测系统是目前常见两种远程监测系统。SCADA 系统汇总了例如风速、功率输出、桨矩角、温度等测量信号，以较低频率向岸上服务器发送数据（5min 或 10min 的分辨率），该系统同时发送机组的实时警报状态。状态监测系统则为远端服务器提供例如振动、油液颗粒等测量信号，用于实时监测旋转部件和塔架的振动状况、润滑油和液压油的磨屑微粒。针对这些获得的测量数据，工程师可以利用数据处理和分析方法对设备健康状态进行高级的远程诊断，常用的诊断方法可分为基于物理模型和基于数据模型两大类。目前远程诊断仍然处于发展阶段，所面临的常见问题是数据量庞大，人工诊断过于依赖于经验并且效率不高，智能化处理数据并做出精确诊断的成套技术仍未成熟。

6.8　安装船舶选择

在进行风险评估和经济性分析的时候，应当把海上风电机组安装船及安装能力作为重要因素考虑在内。欧洲的丹麦、挪威、德国等国家较早开展了相关施工船舶的研发和建造工作，最早期的大型海上风电机组起重船是由丹麦人汤姆森设计发明的，汤姆森的公司 A2SEA 曾在欧洲安装了超过 800 台的海上风电机组。2011 年，韩国大宇造船建造了一艘造价高达 1 亿欧元、具有 40m 以上安装深度且同时装载 4 台海上风电机组的安装船。但是，进口的海上风电机组安装船价格非常昂贵，我国急需多款大型起重船以全面解决海上风电的吊装问题，为海上风电场的建设提供工程技术保障，以降低工程实施的成本和费用，缩短建设安装的整体工期。

近年来，我国研发和建造了多艘大型船舶用于海上风电项目的建设安装，起吊重量和起吊高度基本达到甚至超过了国外发达国家同类产品水平，如图 6 - 2 所示为我国建造的自升式海上风电机组安装船。如，某公司设计建造了一艘自升式海上风电机组安装船，具有 1000t 液压重吊，6000t 以上甲板载荷，7500kN 的预压载力液压桩腿升降系统，一次航行装载 10 套风电机组构件，有能力进行 5MW~7MW 风电机组的安装。

图 6 - 2　自升式海上风电机组安装船

2011 年 5 月，首艘海上风电 800t 全回转起重船——龙源振华 1 号交付使用。后续研发成功的龙源振华 2 号是适用于近海风力发电机组的自升式平台。2017 年 10 月，代表第三代海上风电自航自升式施工船——龙源振华 3 号下水，该船舶可适应 6MW 以上大功率海上风机的安装施工，可在 50m 水深海域作业，拥有 DP - 1 动力定位系统，双钩最大吊重 2000t，最大起升高度达 120m。

由于起重船、吊装船、运输驳船和抛锚拖轮的作业吃水都比较深，为保证在施工期间作业船舶的安全，有必要对船舶作业区域及进出场路径、水深状况和水下地形情况进行全面调查。此外，还应该查清楚区域内障碍物及周边建筑物的情况，探明附近是否存在电缆及其位置走向。

6.9　海上风电运维装备及风险分析

6.9.1　海上风电运维船

1. 海上风电运维船及发展历程

海上风电运维船是用于海上风力发电机组运行维护的专用船舶。该船舶在一般海况中具有良好的操作性、稳定性以及舒适性，并且能够低速准确、持续稳定的顶靠或侧靠至风力发电机组的基础，使风机运维人员安全地登上风机进行运行维护工作。除此之外，船舶甲板区应具有存放工具、备品备件等物资的集装箱或风力发电机组运维专用设备的区域，并可以进行脱卸；另外，若近海风场离岸距离较远，船舶还应具有运维人员短期临时住宿生活的条件和优良、舒适的夜泊功能。

国内海上风电运维船的发展经历从"0"到"1"的艰难过程，并且在结合实际风场使用的情况以及借鉴国外优秀运维船船型后，船型、性能均有了初步跨越性的发展。图 6-3 是国内海上风电运维船发展的历程。

图 6-3　国内海上风电运维船发展历程

国内海上风电发展初期，海上风电项目利用非专业船只进行人员、物资运输工作，如木质渔船（见图 6-4）和钢质渔船，该类船舶性能不具备专业运维船功能性要求，导致人员上下风机风险高，易造成夹伤、人员落水、骨折等。而随着海上风电场离岸距离越来越远，海况环境越来越恶劣，传统的渔船或单体运输船因航速较低、舒适性差，往返航行时间长，易造成部分人员身体和精神不适，影响运维工作效率。随着海上风电对安全的重视，风电单体渔船在海事要求下禁止在海上风电运维市场上使用，并强制要求使用具有交通船性质的船舶。直到 2016—2017 年，国内海上风电才出现批量安全性高的运维交通船。2018—2019 年国内风电场逐步往较远的海域进行开发，中期开发的运维船在各方面性能上难以满足要求，进而国内运维公司参考国外的船型，建造出性能较高的铝制双体船和高性能铝制双体船。

图 6-4　国内早期木质运维渔船

2. 海上风电运维船分类

按照性能划分，风电运维船主要分为普通运维船和专业运维船。

（1）普通运维船。泛指用于海上风电工程期或运维期的交通艇，主要以钢质单体船（见图 6-5）和钢质双体船（见图 6-6）为主，典型特征为航速较低（15 节以下），普通舵桨推进，耐波性差，靠泊能力差（有效波高 1.5m 以下）。

图6-5 国内现阶段单体运维船（钢质）

图6-6 国内现阶段双体运维船（钢质）

（2）专业运维船。用于海上风电工程期或运维期的专业风电运维船舶，主要以铝质双体船为主，典型特征为航速较高（20节以上），全回转推进（喷水或全回转舵桨），耐波性好，靠泊能力强（有效波高1.5～2.5m），抗风浪强。

按照船型划分，风电运维船分为单体船和双体船（见图6-7）。

图6-7 国内现阶段专业铝质双体运维船

145

（1）单体船。优点是结构重量轻、吃水小、工艺简单、建造成本相对低、建造周期短。但风电运维船需要拥有足够的艏艉甲板面积，以供备件堆放及人员登靠风机。由于长宽比的限制，单体船艏艉甲板面积有限；并且，常规的单体船船艏线型尖瘦，难以满足船舶顶靠的需求，需特定的方艏船型方能具备安全顶靠风机的能力，如图 6-8 所示。同时，单体船完整稳性较差，在恶劣海况时，安全性不如双体船，但在海况较温和的风场（特别是长江口以北的海上风电市场）仍具备一定的适用性。

图 6-8　平头单体运维船

据不完全统计，关于国内主流单体运维船基本信息统计如表 6-1 所示。

表 6-1　　　　　　　　　国内市场部分单体运维船统计表

序号	船名	船长（m）	型宽（m）	型深（m）	吃水（m）
1	海潮 001	19.8	4.8	2.1	1.2
2	海潮 66	19.8	4.8	2.1	1.2
3	海潮 168	19.8	4.8	2.1	1.2
4	友交 1	19.8	4.8	2.1	1.2
5	海潮 006	13.55	4	1.48	1
6	海潮 008	16.02	4.2	1.48	1
7	海潮 088	13.55	4	1.48	1
8	海潮 017	15.6	4.2	1.48	1.2
9	海潮 019	15.6	4.2	1.48	1.2
10	海潮 018	27.8	5.6	2.55	1.5
11	海潮 011	33.5	6.3	2.65	1.7
12	海潮 016	33.6	6.2	2.8	1.7
13	海潮运维 002	33.6	6.3	2.65	1.7

序号	船名	船长（m）	型宽（m）	型深（m）	吃水（m）
14	海潮运维 005	33.6	6.3	2.65	1.7
15	海潮运维 007	40.28	8	2.8	1.8
16	海潮运维 10	33.6	6.2	2.8	1.8
17	海潮 588	38	7.2	2.65	1.8
18	四海驰 006	33.8	6.3	2.65	1.7
19	交华通 168	36.8	7	3	1.9
20	海运 001	35.6	8	2.8	1.7
21	精维 006（平头单体）	26.43	6.3	2.7	1.4

为了适应海上风电运维交通的需求，单体运维交通船的尺度随着风场的离岸距离和水深在逐渐增加，同时增加了住宿、餐饮、娱乐等生活单元功能（如海潮运维 007），满足目前国内离岸距离较远海上风电场，12 个运维人员临时运维、住宿需求，但是随着风场规模的扩大，区域化越来越明显，大型单体运维船是无法满足大批量的人员临时住宿需求。根据现状，市场上已有整机商和业主提出建设离岸运维基地、运维母船 SOV 以及固定式生活平台的想法，并且各家已有初步的研究成果。

（2）双体运维船。国内海上风电运维市场通过模仿国外专业海上风电运维船型，设计建造外形相似但功能差异较大的双体运维船，但由于线型、设备选型以及材质等问题，国内钢质双体船性能相对于国外专业双体运维船较差，不具备该船型应有高速性（良好的操控性，能高效准确的对接靠船桩；长宽比小于 3，保证足够甲板面积）和在中等海况下（H_s：1.5～2.0m）的良好耐波性（中等海况耐波性也不好，但完整稳性衡准通常大于 2，远超过要求值）。

由于两片体间距的存在，其长宽比一般是单体船的 2/3 至 3/4。其船宽一般为同级别的单体船 1.25 倍及以上，优越的船宽保证了充裕的甲板面积、优良的完整稳性；同时，双体船因单个片体长宽比大，确保了较小的摩擦阻力，一定程度上，其航速的能耗比也较单体船有优势；再则，两个片体的存在，导致双体船必须采用双机双桨推进，而充足的轴间距也保障了其优秀的操纵性，这对于在低航速状态下（此时船舶舵效应较低）船舶顶靠风机基础靠船桩是非常有利的，普通双体运维船顶靠能力在有义波高 1.5～2m，国内近期出现的高性能双体运维船顶靠能力能达到有义波高 2～2.5m；双体船两片体及连接桥的结构形式，导致其船艏不必存在尖瘦线型，易于设置平头船艏，这对于船舶顶靠、人员登靠都是极为有利的条件。最后，近几年国内沿海小型船舶市场持续发展，涌现出一批具备设计建造小型双体船能力的企业单位，国内造船产业逐渐具备了大批量建造该类船舶的能力，使得该类船舶造价渐渐得到控制，虽然仍然高于常规单体船，但考虑到综合性能，在大多数风场仍然具备竞争力。

近两年，整机商、业主以及运维商对海上风电运维船性能逐渐开始重视，多次出国调研，并与国外专业风电运维船设计单位建立联系，于 2018—2019 年市场上已有业主和运维商直接采用国外高性能双体运维船舶设计方案进行建造并下水使用。如国电投 2017 年建造的"电投 01"和 2019 年刚建造下水的达门设计"懿风 021"战斧船型。该种船型虽然在各方面性能比国内常规运维船高出很多，但也存在明显的缺点，如因排水量较小，停泊状态下摇晃幅度大，导致运维人员和船员耐受性差，除此之外，该船造价极高，预计约 1800 万元人民币，对国内海上风电运维成本造成巨大压力。所以，在目前国内海上风电运维发展现状下，国内通过海上风电大量引进国外专业运维船达到运维装备提升的措施是不现实的。只能通过参考国外优秀运维船设计和设备选型经验，结合国内海上风电发展的进度，与国内船舶设计院研究设计和建造适用于中国不同海域的运维船型，以达到不仅可满足海上风电运维交通和人员转移的需求，而且运维交通成本可控制在合理的范围之内。

据不完全统计，关于国内主流双体运维船基本信息统计如表 6-2 所示。

表 6-2 国内市场双体船统计表

序号	船名	主尺度			
		船长（m）	型宽（m）	型深（m）	吃水（m）
1	丰能 001	26.98	8.4	3	1.78
2	丰能 002	20	6.6	2.7	—
3	丰能 003	26.73	8.4	3	1.78
4	丰能 005	26.73	8.4	3	1.78
5	丰能 006	26.73	8.4	3	1.8
6	海潮运维 12	30	8.5	3	1.78

序号	船名	主尺度			
		船长（m）	型宽（m）	型深（m）	吃水（m）
7	金杰运维	35	9.8	3.8	2.4
8	海潮运维009	26.98	8.4	3	1.78
9	风电运维5	28	10.8	3.7	2.2
10	风电运维6	28	10.8	3.7	2.2
11	国良运维2	26.8	8.6	3	2.2
12	苏启新荣22	26.8	8.6	3	2
13	广核1号	29.8	8.4	3.3	1.8
14	电投01	19.8	7.5	3.2	1.2
15	运维001	19.5	5.8	2.5	1.2
16	吉祥501	30.8	10.8	3.7	2.2
17	吉祥508	30.8	10.8	3.7	2.2
18	金风001	18.9	6.6	2.7	1.65
19	电投02	19.8	7.5	3.2	1.2
20	海电运维101	19.7	7.8	2.8	1.4
21	海电运维201	19.7	7.8	2.8	1.4
22	海电运维301	25.8	8	3.4	1.68

3. 海上风电运维船选型要素

（1）主体材料选择。目前国外运维船船体常用材质为钢质、玻璃钢（FRP）、铝合金及复合材料。刚性充气艇（RIB）是一种复合材质艇型，但是充气护舷的寿命较短，且易被尖物损坏。玻璃钢船使用寿命为10年，铝合金船使用寿命为20年，综合考虑船体性能和建造成本，船体可以采用钢质或者铝合金材料，上层建筑采用玻璃钢的复合型船。目前传统玻璃钢结构存在刚性不足、强度有余的特点，以及其高昂的开模成本，是其制约因素。针对目前国内所有风场气象条件和水文环境，其运维船体及甲板室均采用钢质。钢材硬度高、比重大、加工性能好，可满足运维船的强度和刚度要求，能承载海上风浪载荷冲击。与钢材相比玻璃钢的刚度和强度较低，在船体结构中刚性不足容易变形，若风场的有义波高较大，玻璃钢运维船将难以承载此类波浪的冲击。铝合金是脆硬性材料，韧性差，弹性模量只有钢材的 1/3，硬度低、冲击性能差，而且铝合金造价高昂，同等重量的铝合金价格约为钢材的 3～4 倍。所以综合考虑船舶功能性和经济性，以及目前国内海上风电场平均离岸距离，建议船体以钢质为主，上层建筑采用钢质或铝合金。

（2）主尺度和推进系统选择。船舶长度：运维船需要足够的船长来保证甲板面积，船长过大，接近不同海域的波浪长度，会显著破坏船舶的舒适性，而且过大的船长也会造成浪费，所以要保证船舶的机动性和耐波性，船长一般控制在 24～30m。

船宽及片体宽度：双体船稳性一般余量较大，一般在保证甲板面积的同时，适当减少船宽，通过牺牲稳性来达到弥补耐波性的目的；同时，需充足的片体宽度来保证主机等大型设备及管路的正常布置及检修，也需足够片体间距来避免较大的片体间的干扰阻力。

吃水及型深：双体船吃水一般较同排水量的单体船要大，一般需要足够的吃水和干舷来保证稳性及耐波性，铝质双体船的吃水一般要明显小于同尺寸的钢质双体船。

高速船常用的推进方式有螺旋桨和喷水推进，就运维船的特性而言，喷水推进总效率比螺旋桨低 20%，加上价格和系统重量方面原因，采用螺旋桨推进应较为合理、可行。尽管喷水推进具有保护性好、工况变化适应性强、引起的振动小等优点，但难以弥补上述三个方面的缺点。

（3）船舶噪声与振动。船舶噪声和振动主要是船舶在机械、轴系、螺旋桨运转及波浪的激励下，所引起船舶总体或局部结构的振动。针对如何降低船体振动分两方面：一是在船舶主体与机械、轴系增加弹性装置吸收主机与船舶之间的振动，避免共振；二是在乘员舱涂装阻尼材料，进一步降低船员舱内振动。

噪声主要是由振动引起，降低船舶噪声污染可通过降低振动方式。声源传播途径和接受者是一个噪声系统的三个环节，治理噪声必须从这三方面来考虑：一是控制声源噪声的方法为减少激振力的幅值，减少系统各部件对激振力的响应，改变工作条件等；二是控制噪声传播途径可从声源和接收器位置的选择，增加传播距离，隔声，吸声，消声等手段入手；三是对接收者采取防护措施，如让乘员佩戴个人防护用品可起到隔离噪声的作用。

（4）船舶的摇摆性。船舶摇摆剧烈程度从外部条件来讲，与风浪大小有关，但从船舶本身条件来讲，又与耐波性有关。船舶的摇摆，可以分为横摇、纵摇、立摇和垂直升降四种运动形式。横摇是船舶环绕纵轴的摇摆运动；纵摇是船舶环绕横轴的摇摆运动；立摇是船舶环绕垂直轴偏荡运动；垂直升降是船舶随波作上下升降运动。船舶在海上遇到风浪时，往往是以上四种摇摆的复合运动。由于横摇比较明显，影响也较大。为了减轻船舶横摇，一般船舶在船体外的舭部安装舭龙骨，其结构简单，不占船体内部位置，且有较明显的减摇效果，实践表明舭龙骨约能减小摆幅 20%～25%，舭龙骨的缺点是增加水阻力，影响航速。大型客轮也有用减摇水柜、减摇鳍、陀螺平衡减摇装置等来减小船舶在风浪中的摇摆，但小型双体船舶并不适用安装以上大型的减摇装置。根据欧洲经验，海上风电运维船舶主要是以被动形式降低船舶摇摆性。例如安装减摇座椅，有效降低乘员乘船因摇摆产生的不适感。

6.9.2　大型运维母船

随着国内海上风电发展，海上风电场逐步体现出离岸距离远、水深增加、区域集中化的特点。现阶段，国内针对远距离风场的解决办法主要是依靠大型单体船提供人员的住宿和备件存储，但在合法合规的条件下只能满足 12 人的住宿需求和少量备件的临时存放，不能达到大规模风场运维要求。

根据海洋工程离岸化的经验，海上石油通过使用固定式生活平台和浮式生活平台解决大型海上工程中人员和装备存储。除此之外，欧洲大部分海上风电场都是建设在离岸百公里以上，而通常采用运维母船 SOV 的方式实现大量人员居住和运维通达的功能。

1. 浮式离岸生活平台

用于海上风电运维的，供人员住宿，存放备件的较大型船舶，典型特征为：可提供 80 人以上的住宿，具备一个月以上自持力，如图 6-9 所示。该类主要依靠锚泊定位实现在海面的船舶稳定，保障人员生活的舒适性和安全性，专门配置不同种类的备品备件舱（油脂类、危化品类等）。该船采用无动力设计，只配置了辅助动力，满足风场内的短距离移位，在台风避风、坞修等需要长距离移位时，需要大型拖轮进行托航。表 6-3 为欧洲部分用于海洋石油的浮式离岸生活平台。

图 6-9　浮式离岸生活平台

表 6-3　　　　　　　　　欧洲海洋石油浮式离岸生活平台

编号	船名	建造日期	入籍	船长×型宽×型深 (m)	吃水 (m)	自持力 (天)	锚泊 定位	总住宿 人数 (人)	离岸 距离 (nm)
1	AWB007	2009	ABS	100.58×31.7×7.31	5.5	45	8锚定位	300	100
2	MAGDA	2008	ABS	70×20×4.3	2.5	30	8锚定位	121	60
3	OTTO-1	2007	BV	100×30.5×7.62	5.5	45	8锚定位	306	100
4	RIO DEL REY	2009	BV	70×23.6×4.3	2.5	30	8锚定位	121	60
5	Eastern WB300	2012	ABS	120×31.7×9	6	60	8锚定位	300	140
6	VENTURE	1980/2007	RINA	99.2×25.8×6.1	3	45	8锚定位	225	100

2. 固定式离岸生活平台

该类船舶类似于海上风电自升式安装船，但区别在于起重机的吊重能力、上层建筑的功能不同以及甲板载荷要求不同。典型特征：自升式平台，三桩腿或者四桩腿，适用于5～40m以内水深的海上风电场，可提供100人以上的居住需求，具备以一个月以上的自持能力，如图6-10所示。该船型通过自身抬升系统，使船体脱离海面，不受风浪的影响，是大型母船中舒适性最好的船舶。但相对于浮式船型，该船型的人员和物资转移较为困难，需要通过起重机和吊笼实现。表6-4为欧洲固定式离岸生活平台情况。

图 6-10 自升式离岸生活平台

表 6-4 欧洲 Jack up accommodation barges 统计表 (不完全统计)

船名	船舶尺度 (m)	桩腿长度 (m)	抗浪性 (m)	甲板面积 (m²)	吊机能力	住宿人数 (人)
Gusto MSC	61×36×6	4×94.2	8	900	300t@15m	200
Atlantic Amsterdam	74.75×86.31×7.5	3×133.65	16.15	—	21.4t@20m	136
Atlantic London	81.3×93.8×8	3×151.5	28.35	—	24.61@20m	322
DVS1236	72.65×39.62×5.46	4×52.35	—	—	3t@15m	40
SEAFOX 1	64×40×4.92	—	—	600	300t	75
LEEN	70.7×31.9×4.83	—	—	450	37t	150

3. SOV (服务支持船)

在国外运维船的发展史上,SOV 并非在海上风电发展初期就为风电定制化的运维母船。一开始只是通过采用商船或者货船的改造,但随着需求的提高,针对海上风电运维进行了适应性优化,不仅满足了远距离风场的运维交通、人员住宿以及专业化的配件存储功能。另外该类船舶增加配置 DP 定位能力和登乘旋梯等，如图 6-11 所示，使船舶靠泊能力提升（有效波高 2.5m 以上），有效提高了运维作业时间窗口。表 6-5 为欧洲海上风电服务支持船 SOV 统计情况。

图 6-11 SOV（服务支持船）

表 6-5 欧洲海上风电服务支持船 SOV 统计（不完全统计）

船名	建造下水	设计船型	船长(m)	船宽(m)	吃水(m)	航速(kn)	住宿人数(人)	甲板面积(m²)	公司
SEAWAY MOXIE	2014	SX163	74	17	6.4	9.1	60	200	
—		SX201	80	19	6	7.5	60	250	
—		SX197	69	17.5	5.5	13	45～60	150	
WINDEA LA COUR	2016	SX175	88	18	6.4	14	60～90	350	
WINDEA LEIBNIZ	2017	SX175	88	18	6.4	14	60～90	350	ULSTEIN
ACTA CENTAURUS	2019	SX195	93	18	6.0	13	120	500	
WINDEA TBN	2020	SX195	93	18	6.0	13	120	500	
ACTA AURIGA	2018	SX195	93	18	6.0	13	120	500	
—		SX169	88	19	6.6	14	100～150	500	

续表

船名	建造下水	设计船型	船长 (m)	船宽 (m)	吃水 (m)	航速 (kn)	住宿人数 (人)	甲板面积 (m²)	公司
ESVAGT DANA		Havyard 931 CCV	88.4	15	—	17.8	75		
ESVAGT FARADAY	2015	Havyard 832	83.7	17.6	6.5	14	75		
ESVAGT FROUDE	2015	Havyard 832	83.7	17.6	6.5	14	75		
ESVAGT MERCATOR	2015	Havyard 831	83.7	17.6	6.5	14	75		ESVAGT
ESVAGT NJORD	2016	Havyard 832	83.7	17.6	6.5	14	75		
ESVAGT SOV 831L	2019—2021	Havyard 831L	70.5	16.6	—	12	60		

出于风场规模和成本压力的原因，以上三种大型运维母船还未实际应用到中国海上风电市场上，但在近 5 年内，随着风场规模的扩大，这三种大型运维母船也会根据自身的适用性和经济性进入到中国的近海海上风电场运维工作中。

6.9.3 减摇座椅

乘员在船舶上的舒适性是重中之重，必须保证技术人员在航行并抵达风机的过程中维持良好的精神状态，所以大部分的运维船在乘员舱中配置减摇座椅（见图 6-12），旨在最大限度地减少人员疲劳和因船舶运动而引起的精神压力，提高运维人员在登靠风机时的反应能力和风机中维护的效率。

6.9.4 登靠装置与人员转移

为了提高人员转移的天气窗

图 6-12 运维船减摇座椅

155

口，无论是欧洲还是国内都在研发"Walk to work"系统，欧洲相对于国内已有成熟产品并且使用在实体船舶上，但应用率较低，而国内现阶段还处在研发或样品测试阶段。"Walk to work"系统是由栈桥和六自由度或其他波浪补偿装置组成，通过补偿装置抵消风浪对栈桥的影响，以供人员稳定的上下风机，如图 6-13 所示。由于栈桥可以与风机基础平台或爬梯在较大的海浪下相对静止，因此运维人员可以安全的"走着去上班"。市场上有很多这种登靠系统，例如 Ampelmann、Maxcess 和 Houdlder TAS 等，但这种登靠系统只能用在尺度比较大的船上，比如上文中提到的 SOV（服务支持船舶），而现在使用的运维船无法进行安装使用。但是，国内市场上已经在开发适用于小型船舶的登靠系统，现阶段在市场上测试后并不实用，反而增加了登靠风险。

图 6-13 Walk to work 六自由度登靠系统

所有海上人员转移，不论采取何种方式，都应该作为一项重要且独立的行为。海上风电运维人员转移应充分考虑以下（不限于）风险因素：人员转移的次数和人数；环境条件，包括风速和风向、海况包含波高和波向、海流或潮流流速和流向、能见度、水文、雨天、雪天、冰期和闪电；船舶运动姿态。

运维船到风机上的人员转移是海上风电运维风险较高的动作之一，原因在于运维船顶靠风机靠船桩时，船舶是随着波浪和流进行无规律运动的，只有在船舶使用足够的推力，使其船首橡胶与靠船桩之间产生的静摩擦力能够克服船舶不受浮力的重量和波浪力，与靠船桩接触点保持静止，才得以允许运维人员跨越至风机爬梯。运维船顶靠示意图如图 6-14 所示。

图 6-14 运维船顶靠示意图

另外，风机爬梯的位置与靠船桩登靠接触点存在 500～550mm 的安全距离（见图 6-15），以提供一个安全跌落的空间，以防止爬梯上运维人员因不慎在转运过程中跌落挤压，造成人员伤亡的风险。运维人员攀爬风机示意图如图 6-16所示。

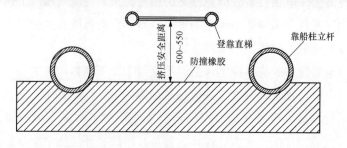

图 6-15 爬梯登靠安全限定区域

中国海上风电运维能力还处在初级阶段，主要限制于在海上风电运维装备发展限制和运维经验及策略模式缺少等几方面，而海上风电运维的关键装备是海上风电运维船、大型运维母船及其他新型运维装备，其性能优劣对海上风电的运维人员的安全和工作效率具有直接性的影响，但不容乐观的是国内市场大部分运维船性能方面仍有各种各样缺陷，虽然国外已有很多优秀船型和运维装备的成熟经验可以直接借鉴，但是由于运维成本控制因素，国内海上风电运维不能得到快速发展，导致运维效率仍具有较大提升空间。

图 6-16 运维人员攀爬风机示意图

6.10 事故应急预案

根据国务院安全生产委员会（简称国务院安委会）颁布的《关于加强安全生产事故应急预案监督管理工作的通知》《生产经营单位生产安全事故应急预案管理办法》《关于印发生产经营单位生产安全事故应急预案评审指南的通知》等要求进行海上风电项目事故应急预案的编写。预案应说明该海上风电项目的特点、风险因素及全国同类型风电场事故资料，分析可能发生的重特大事故类型、事故发生过程、破坏范围及事故后果。

海上风电场建立的应急预案包括但不仅限于以下项目：

（1）综合应急预案（突发事件应急总预案）。

（2）人身事故、设备事故、网络信息安全事故、水灾事故、道路交通事故、船舶（交通、碰撞、火灾、爆炸、污染）事故、环境污染事故、电网故障保厂用电等事故灾害类专项应急预案。

（3）自然灾害类（地震、台风、雷电、暴雨、潮水、波浪等）专项应急预案。

（4）公共卫生事件类（传染病、群体性不明原因疾病、食物中毒等）专项应急预案。

（5）特种设备事故专项应急预案。

（6）社会安全事件类（突发群体性事件、突发新闻媒体事件等）专项应急预案。

（7）现场处置方案，包括多种原因导致的人身伤亡处置方案、多种原因导致的火灾事故处置方案、倒塔折塔现场处置方案。

参 考 文 献

[1] 库尔特 E. 汤姆森．海上风电开发：海上风电场成功安装的全面指南［M］．冯延晖，等，译．北京：机械工业出版社，2016.

[2] 傅家骥，全允桓．工业技术经济学［M］．3 版．北京：清华大学出版社，1996.

[3] 祝波．投资项目管理［M］．上海：复旦大学出版社，2009.

[4] 国家能源局．NB/T 31032—2012 海上风电场工程可行性研究报告编制规程［S］．北京：中国电力出版社，2013.

[5] 国家能源局．NB/T 31008—2019 海上风电场工程概算定额［S］．北京：中国电力出版社，2011.

[6] 国家能源局．NB/T 31009—2019 海上风电场工程设计概算编制规定及费用标准［S］．北京：中国电力出版社，2019.

[7] 国家能源局．NB/T 31010—2019 陆上风电场工程设计概算定额［S］．北京：中国电力出版社，2019.

[8] 国家能源局．NB/T 31011—2019 陆上风电场工程设计概算编制规定及费用标准［S］．北京：中国电力出版社，2019.

[9] IRENA. Innovation Outlook：Offshore Wind［M］. International Renewable Energy Agency，Abu Dhabi，2016.

[10] Peter Tavner. Offshore Wind Turbines：Reliability，availability and maintenance［M］. IET Institution of Engineering and Technology，2012.

[11] 李烨．海上风电项目的经济性和风险评价研究［D］．北京：华北电力大学．2014.

[12] Feng Yanhui，Qiu Yingning，Zhou Junwei. Study of China's 1st large offshore wind project［C］. 2nd IET Renewable Power Generation Conference（RPG 2013），Beijing，2013：pp3. 25.

[13] Feng，Y.，Tavner，P. J.，Long，H. Early experiences with UK Round 1 off shore wind farms［J］. Proceedings of the Institution of Civil Engineers：energy，2010，163（4）. 167 - 181.

[14] Feng，Y.，Qiu，Y.，Crabtree，C. J.，Long，H. and Tavner，P. J.，Monitoring wind turbine gearboxes［J］. Wind Energy，2013，16（5）：728 - 740.

[15] Liu，T. Y.，Tavner，P. J.，Feng，Y. and Qiu，Y. N. Review of recent offshore wind power developments in china［J］. Wind Energy，2013，16（5）：786 - 803.

[16] Yang, W., Tavner, P. J., Crabtree, C. J., Feng, Y. and Qiu, Y. Wind turbine condition monitoring: technical and commercial challenges [J]. Wind Energy, 2014, 17 (5): 673-693.

[17] 张秀芝. 中国近海风资源分析及风电开发可行性研究, 2012.

[18] 赵世明, 姜波, 徐辉奋, 等. 中国近海海洋风能资源开发利用现状与前景分析 [J]. 海洋技术. 2010, 29 (4): 117-121.

[19] 蔡新, 潘盼, 朱杰, 等. 风力发电机叶片 [M]. 北京: 中国水利水电出版社, 2014.

[20] 姚兴佳, 田德. 风力发电机组设计与制造 [M]. 北京: 机械工业出版社, 2012.

[21] Erich Hau. Wind Turbines: Fundamentals, Technologies, Application, Economics. 2nd edition. Springer-Verlag Berlin Heidelberg, 2010.

[22] 万文涛. 海上风电测风塔的选型 [J]. 海洋石油. 2011, 31 (1): 90-94.

[23] 元国凯, 朱光涛, 黄智军. 海上风电场施工安装风险管理研究 [J]. 南方能源建设. 2016, 第 3 卷增刊 1: 190-193.

[24] 张苏平, 鲍献文. 近十年中国海雾研究进展 [J]. 中国海洋大学学报: 自然科学版. 2008, 3: 359-366.

[25] 黄琳, 黄静波. 海上风电场建设成本及风险分析 [J]. 水力发电. 2012, 38 (12): 81-83.

[26] 杨骏, 舒雅, 许蓉. 海上风电机组安装装备与技术的发展 [J]. 中外船舶科技. 2016 年第 2 期.

[27] 张鑫凯. 海上风电场成本测算及趋势分析 [J]. 科技展望. 2017 (24): 271-272.

[28] 赵旭光. 海上风电场的造价成本及影响因素分析 [J]. 风力发电. 2014 (2): 56-60.

[29] 高宏飙, 刘碧燕, 罗雯雯. 海上风电场离岸升压站关键技术研究 [J]. 风能. 2017 (3): 60-64.

[30] 郝金凤, 强兆新, 石俊令. 风电安装船功能及经济性分析 [J]. 舰船科学技术. 2014, 36 (5): 49-54.

[31] 李岩, 王绍龙, 冯放. 风力机结冰与防除冰技术 [M]. 北京: 中国水利水电出版社, 2017.

[32] 马爱斌, 江静华. 海上风电场防腐工程 [M]. 北京: 中国水利水电出版社, 2015.

[33] 朱永强, 张旭. 风电场电气系统 [M]. 北京: 机械工业出版社, 2010.

[34] Shaoyong Yang, Dawei Xiang, Angus Bryant, Philip Mawby, Li Ran and Peter Tavner. Condition Monitoring for Device Reliability in Power Electronic Converters: A Review. IEEE Transactions on Power Electronics, Vol. 25, No. 11, Nov. 2010.

[35] 张秀芝, 朱蓉. 中国近海风电场开发指南 [M]. 北京: 气象出版社, 2010.